U0013949

SMART START

SMART START

SMART START

SMART START

SMART START ▶

聰明寶寶
從五感律動開始

Margaret Sassé 著
Georges McKail 插畫
謝維玲 譯

目錄

第一階段：出生到 6 個月大

第二階段：6~12 個月大

第三階段：會走路到 18 個月大

第四階段：18~24 個月大

第五階段：2 歲到 2 歲半大

第六階段：2 歲半到 3 歲半大

第七階段：3 歲半到 4 歲半

第八階段：4 歲半到 5 歲半大

周怡宏

讓寶寶從小「動」起來

在健兒門診中常發現許多嬰兒幾乎一整天都待在嬰兒床上或遊戲床中，連迴旋空間都很有限，更別提可以自由伸展了。這些孩子身體評估當中，可以感覺到肌肉力量不但偏低，手腳關節更顯緊縮，代表肌肉的張力偏高；而且，在身軀移動或轉動時也顯得較為不自然或是憋扭，表示軀幹與手腳肌肉協調性不夠良好。我們認為，孩子的手腳及軀幹都應該從小開始每天有足夠範圍的伸展活動，這都需要經由父母的協助，才能使孩子的體能保持在理想的狀態。

在個人二十多年的臨床經驗中，了解到台灣的許多嬰幼兒，他們自由活動伸展的表現，以及基本的體能訓練活動，常因過多的衣物與包巾在「保護不使受寒」的祖宗教條下，受到相當大的不重視、不認同，而造成極大的空間與人為的限制。如此一來，結果只有一個，那便是嬰兒的動作發展明顯偏慢，甚至會使家長擔心有遲緩的可能。

近十年來，許多國際性的健康組織和機構都極力強調體能活動對於成人及兒童健康的重要性。但是直到最近，人們才開始重視體能活動對於嬰兒、學步兒及學前幼兒的影響。研究學者普遍都認為從小採行積極活躍的體能生活方式，將有助於嬰幼兒學習較具技巧性的活動。在嬰幼兒時期，培養並促進律動的樂趣、建立運動技巧的能力和自信心，讓兒童健康地成長，並且對日後參與體能活動有相當的幫助。值得一提的是，美國小兒科醫學會以及國際運動及體能教育協會都建議每一個年齡層的嬰幼兒都需要體能活動導引，以便協助父母及教導者進行體能訓練活動，專家們也建議家長或主要照顧者每天對於嬰兒應該至少每天有 30 分鐘，幼兒則應有 60 分鐘施予有計劃的體能活動，對他們的身心以及情緒發展都有莫大助益。

很高興看到遠流出版社編譯《Smart Start 聰明寶寶從五感律動開始》，其內容針對 0-5 歲嬰幼兒的神經發展，循序漸進地設計許多的親子體能訓練活動，分別根據不同年齡孩子的發展情況，提出適當的體能訓練建議，相信只要每一位家有寶貝的父母們在家自行教導孩子練習，不但可以順利讓孩子掌握合於年齡的各種動作技巧，平衡協調的能力也更好，更可以在孩子的感官知覺能力、認知發展能力上有同步的增長，對於整體的智能發展將會有令人驚喜的結果。

身為小兒科醫師，個人真誠地推薦，並且積極地建議每一位家長可以依照孩子的年齡，選擇本書為孩子設計的按摩、感官刺激以及各種肢體訓練活動，每天以漸進而有趣的方式與孩子互動幾次的十分鐘訓練，也請記得這些活動是在遊戲的前提下進行最能有良好效果，那麼您的寶貝孩子的體能與智能的發展將有超乎平常的表現。

推薦者簡介

周怡宏

目前擔任周怡宏小兒科診所院長、栽培兒童健康中心執行長、中山醫院小兒科醫師及亞東科技大學助理教授。畢業於台大醫學系，曾於美國德州兒童醫院及農業部兒童營養研究中心研究。曾任敏盛綜合醫院副院長，長庚醫院營養治療科主任、新生兒科主任、兒童內科部主任，臺大小兒部主治醫師。專長領域包括新生兒學、兒科學、兒童預防保健檢查、嬰幼兒發展、嬰幼兒營養及早產兒治療等。
周怡宏醫師部落格：http://tw.myblog.yahoo.com/kid_glove333

黃瑽寧

聰明寶寶自己打造，五感律動 so easy

在我的節目《愛＋好醫生》家訪過程中，時常遇到新手父母提出困擾，不知道如何和寶寶長時間相處，卻又保持輕鬆自在。不像以前的農村社會，新時代父母多半是小家庭長大，這輩子不僅沒照顧過軟綿綿的嬰兒，更遑論去瞭解嬰兒的需求，或安撫情緒的技巧等等。翻開育兒書，專家說要建立生活規律，「吃、玩、睡」依序進行，「吃」和「睡」倒還能理解，這個「玩」字，寶寶究竟能玩什麼？會玩什麼？要怎麼和大人一起玩？唉，可真是難倒了我們這些「看說明書長大」的新時代父母。

《Smart Start 聰明寶寶從五感律動開始》這本書，正好可以讓不知如何跟寶寶玩的父母，找到一本可依循的說明書。你不必死背嬰兒的發展進程，比如幾個月會抬頭、幾歲的視力接近成人等等，只需要按照書中的年齡區塊跟孩子「一起玩」，就能享受一段親子互動的快樂時光。

所謂的五感，一般指的是「聽覺、味覺、觸覺、視覺、嗅覺」這幾項能力。從妊娠到三歲的嬰兒大腦，嬰兒藉由這五感的刺激，建立大腦中的各種神經突觸，是大腦發展的重要關鍵時期。

但要小心，刺激並不見得都是好事。比如說讓孩子暴露在手機平板的聲光效果中，雖然也是又聽又看，對嬰兒大腦而言，卻是一場無效且不良的刺激。

因此，研究告訴我們，若要帶出好的大腦發展，嬰幼兒在這些新鮮事物的接觸過程中，必須加上父母的「安定力量」，來陪伴著他們探索，才是最理想的安排。只要孩子身邊有可信賴、可依附的陪伴者一起玩，嬰幼兒就能保持情緒穩定，即便玩得既興奮又 high，也不會造成傷害大腦的毒性壓力。

本書作者瑪格麗特・薩塞（Margaret Sasse），是一位澳洲兒童發展專家，一生致力於推廣親職教育，與設計各種幼兒活動的課程。本書是她累積三十年的經驗將自己設計的嬰幼兒活動集結成冊，並且按照不同年齡段整理，提供給新手父母在家和孩子的破冰遊戲。書中一共有 135 種互動圖片與文字，除了照本宣科之外，父母當然也可以舉一反三，創造自己與寶寶間的獨特遊戲。

這幾年在坊間有越來越多的機構，開辦一些嬰幼兒的律動課程，或者感覺統合課程，每一堂課都不便宜，讓許多父母荷包縮水，大喊吃不消。但其實求人不如求己，只要跨出勇敢的第一步，在自家客廳鋪上軟墊，很多親子活動，還是自己來比較有趣。玩啊玩，父母也別只想著要讓寶寶聰明，在認識寶寶的過程中，更重要的是讓爸爸媽媽更有自信，更駕輕就熟，人人都能成為嬰兒通！正所謂「輕鬆當爸媽，孩子更健康」，聰明寶寶自己打造，五感律動 so easy ！

推薦者簡介
黃瑽寧
　　馬偕兒童醫院兒童感染科資深主治醫師，臨床醫學博士，也是兩個孩子的爹。2014 年榮獲博客來年度十大暢銷作家。同時身兼雜誌與網路專欄作家，並主持電視節目。著有《輕鬆當爸媽，孩子更健康》、《從現在開始，帶孩子遠離過敏》等書，是臺灣超人氣兒科醫師。

廖笙光

帶孩子也需要先預習

對於每一個爸媽而言，孩子都是上天賜與的禮物。看看大大的眼睛和圓呼呼的臉龐，只要微微的一抹微笑，也就可以征服大人的心。

只是要如何照顧這嬌小而柔弱的小傢伙，卻也常常操碎了爸媽的心。只要當孩子一開始哭起來，常常讓我們瞬間失去自信，甚至開始自我懷疑。其實，爸媽不用太擔心，世界上並沒有人天生就是「爸爸媽媽」，其實我們都需要事先的「預習」的。

很多爸媽會訝異，老師為什麼那麼懂孩子？孩子會什麼只聽老師的話？其實並沒有什麼祕密，只是老師比較理解不同年齡孩子的「想法」。特別是小小孩，連自己的手腳都還搞不清楚，更需要透過「動作」來建立與外在世界的連結，而不是只有坐在那裡聽你說而已。

舉例來說，六到八個月的小寶貝，往往會要把自己的小腳丫子放進自己的嘴巴，藉由這個動作讓自己察覺到原來自己除了有小手，居然還有兩隻不常見到的「小腳」。並且在反覆抬腳再抬腳的過程，不經意的訓練到了寶貝自己的腹部肌肉。不要小看這一個「玩腳」的動作，這些也就是寶貝之後是否能坐的正、爬的好的祕密喔！也因此，寶貝這時如果躺在床上會動來動去的，可不是他在找麻煩，而是他正在努力的想要長大。相反地，這時我們把小寶寶用大毛巾纏著緊緊的，讓他一動也不能動的看著天花板，雖然寶貝也會很配合地乖乖躺好，但是日後的問題可能也埋下了種子。

只是孩子動並不是亂動，需要有準確的目標。不論是在促進肌肉力量、保護反應、前庭平衡、雙側協調、團體合作……，在不同的年齡也都會有不同的需求。其中有些是我們大人都覺得很陌生的，例如：「側化」在三歲是一個關鍵，藉由慣用手的發展讓孩子可以明確區辨身體左右差異，也是日後在符號學習的萌芽，也才不會出現寫字左右顛倒。

其實，孩子好不好帶的關鍵，在於我們知道的多少，而不只是孩子聽不聽話。事先知道孩子需要什麼，自然也就可以事前做好準備，在育兒的路上也會更加輕鬆，而不會手忙腳亂。特別是現在孩子不多的時代，我們常常在有孩子之前，根本也就沒有抱過孩子，不是嗎？因此，更需要增加自己對於孩子發展的理解，才能真正的照顧好孩子，也照顧好自己喔！

聰明並不只是認知上的學習，更需要從五感律動的全方面培養，才能真正地促進孩子的學習效率。雖然這是大家都知道的，但是要如何做卻又是一大難題。

這本書也就很值得推薦給爸媽，讓陪孩子玩不再是一個負擔，而是一種親子的互動喔！

推薦者簡介
廖笙光（光光老師）
　　奇威專注力教育中心執行長，被小朋友們暱稱「光光老師」。專長為兒童操作知覺整合評估、兒童發展訓練、感覺統合治療、親職教育等。現任中華兒童發展教育公益協進會理事，曾任基隆特教資源中心專業督導、敦南兒童專注力中心技術長。

楊金寶

Smart Start，果真 Smart ！

　　就文化而言，華人支持靜而好讀的教養觀念，強調沉穩持重以及努力工作的生活，規劃休閒與活動，不是我們的習慣；就都市化而言，台灣的居住空間不足，幼兒活動方式受到限制，少動不動的生活型態，已漸漸取代幼兒喜愛活動的天性。文化與環境雙重因素的影響，造就愈來愈多「懶得動」的小小胖胖兒。雖然，活動的益處眾所周知，但是，活動習慣與形式是否能建立，卻決定於幼兒階段對肢體活動之喜惡。不愛活動的兒童，會成長成不愛運動的少年，長大後，多半也有久坐不動的習慣。因為，運動時大腦血流量增加，神經細胞可獲得足夠的氧，對腦力發展有利。因此，除了健康因素之外，幼兒的身體活動，也是早期大腦發育和學習的重要環節。

　　大家都知道，幼兒期是個人身心發展的奠基階段，也都明白，此時期良好的感覺與運動發展，是建立未來智力與體力開發的基礎。但是，忙碌疲憊以及時間有限的父母，通常不是忽略幼兒自然發展的各個階段，就是缺乏正確回應幼兒需求的具體作為。無論是忽略或不知如何是好，父母的不作為，的確會影響幼兒學習潛能之發展，甚至，會引發感覺統合失調的問題。因為，零到五歲的幼兒，閱讀、塗鴉、說話、姿勢等一切溝通技巧，都是以動作為基礎；因為，在活動過程中，大腦會透過肢體動作，理解所有接收進來的感官經驗。

　　事實上，不僅是父母缺乏親子互動的遊戲知能，教保人員對於設計嬰幼兒肢體活動，經驗亦非常有限。個人因為行政職責關係，承接台北市托嬰中心訪視、評鑑暨專業人員在職訓練業務，發現提供嬰幼兒照顧服務的專業人員，明白肢體活動對這群孩子的影響，但卻苦無可仿效的活動設計或可參考的實用指引。當我接到《Smart Start 聰明寶寶從五感律動開始》的書稿，兩天內看完數百個活動設計，不但覺得活動精采好玩，簡易可行，亦能臆測父母應用本書的活動建議，衍生親子運動的樂趣與幸福感。

因為實用價值極高，我相信本書應可成為嬰幼兒照顧人員的工具書。作者深具實務經驗，針對零到五歲幼兒，設計各種不受環境限制的遊戲活動，不但能依據不同年齡層的發展特性，提供不同的活動建議，同時，配上數百張簡明的插圖，讓父母或照顧嬰幼兒的教保人員，能有效應用這些趣味十足的活動，提供合宜的生理刺激，幫助嬰幼兒發展平衡及協調的動作技巧。當然，也提供了家長和孩子和諧快樂的體驗與經歷。

　　這是一本好書，一本好好玩的書，一本好好讀的書，一本好好用的書。希望身邊有嬰幼兒的你，能好好讀一讀，好好用一用，好好玩一玩，玩出健康，也玩出聰明！

　　Smart Start，果真 Smart ！

推薦者簡介

楊金寶

　　目前是國立台北護理學院嬰幼兒保育系的教授兼副校長。曾經在台北榮總擔任護理工作六年，因此，從事教職後，持續開設嬰幼兒健康照護及實務的課程。最近五年，配合及協助政府，規劃幼托整合後幼兒園教保活動與課程，特別是身體動作領域的活動設計；其次，承接台北市托嬰中心訪視、評鑑、在職人員專業訓練。對於零到六歲幼兒的健康及體能，關懷未曾中斷。

陳怡安

膽大心細，盡情遊戲

對於自行創業的媽咪和下班後及假日都在教羽球的爸比來說，陪伴孩子的時間彌足珍貴，我們陪三歲大的女兒看書、畫畫、看電視之外，最常做的還是到公園或操場追趕跑跳碰！而還沒能跟上姊姊進度的一歲阿弟，則努力的跟在姊姊後面爬上爬下，扭來滾去，要不然就被爸比媽咪當玩具般的耍寶，幾乎沒有限制的活動方式，常引起旁人的側目，熱心一點的，甚至會前來關心，要我們別玩那麼危險的遊戲，或孩子這樣會摔斷門牙之類的，好朋友們聚會時，也常聽朋友問：你怎麼敢讓孩子這樣玩，心臟很強耶，之類的話。的確，孩子們跑來跳去，爬上滾下的，常常摔得個大包，令我不得不思考，我是不是真得太大膽了？但是當我看了《Smart Start 聰明寶寶從五感律動開始》時，禁不住暗自竊笑，原來我們和孩子的活動遊戲，可是會讓寶寶們變聰明的呢！當然，書的內容還有好多我不曾想過或試過的遊戲，一邊翻，一邊把好玩又可行的遊戲部分折頁註記，讀後發現，簡直有折和沒折一樣，因為我幾乎把每一頁都給折了起來。

也許是因為我們都是運動員出身，熱愛運動，和孩子們的互動也多半和運動有關，我們發揮創意的親子運動，不但孩子玩得開心，我們也常玩得樂不可支，更重要的是我們和孩子的信任感與親密度在運動中不斷的建立，這也是親子關係中我們最在意的一件事。至於運動會不會讓寶寶變得更聰明，身為運動員的爸媽，絕對是持正面的態度，只是，我不知道的是，原來從小baby 開始到學齡前這段時間的運動會對孩子產生如此巨大的影響，不只是肢體動作的協調與靈活、還能刺激五感，增強孩子的認知能力，進而促進孩子的智力發展，這麼多的好處，不需要很大的花費，只需要適時的陪伴和膽大心細的遊戲態度。

孩子的成長只有一次，我們陪伴孩子成長的機會也只有一次，怎麼能不好好把握呢？一條彩帶、一個沙包、一段共舞、一指輕撫，每個爸媽只要願意，都能輕鬆辦到。

　　《Smart Start聰明寶寶從五感律動開始》讓我能更有系統更有創意的和孩子互動，也讓我進一步了解如何幫助寶寶更快樂，更順利的成長。敞開心，放開手，和孩子一起盡情的運動吧！

推薦者簡介

陳怡安

　　從小學習跆拳道，是奧運金牌選手，喜歡游泳、羽球，把單車當成日常代步工具。除了運動，也樂於學習，大學唸的是企業管理，研究所專攻運動科學，嘗試過許多工作，行銷企劃、體育記者、主播、主持人，因為熱愛手工香皂，目前自行創業，開設「AnnChen陳怡安手工香皂」形象店。

部落格：http://www.wretch.cc/blog/AnnChenSoap

英文版序

澳洲 GymbaROO 中心的創辦人瑪格麗特‧薩塞（Margaret Sassé）是一位用運動啟發孩子與父母的人生，並使其充滿樂趣的國際級權威專家，去年我參觀了 GymbaROO 的嬰幼兒課程，那是一次相當愉快的經驗，所有孩子都專注認真、興高采烈地以創新的方式從事各種活動——同時學習重要的預備讀寫能力及語言技能。

最有意思的是，在旁陪伴的家長大多是父親，通常父親都不善於跟自己的小寶寶互動，另一方面，不斷有研究證實，父親積極參與孩子的成長，有助於孩子日後擁有良好的學業表現。

現在的孩子絕對缺乏足夠的活動，肥胖已經是普遍的後遺症，它對健康和學習會造成極大的危害，而運動、遊戲和主動探索都是兒童發展過程中不可或缺的部分，因此，親愛的家長，盡情地享受這本書帶來的樂趣吧，無論你的孩子正值襁褓期或處於學前階段，你都會愛上那些能增進親子互動的實用建議，你跟孩子不但會獲益良多，也會在快樂與歡笑中攜手成長。

法蘭西絲‧佩吉‧格拉斯寇（**Frances Page Glascoe**）
美國范德堡大學兒科教授，2000 年 Dale Richmond Award 得主

名詞解釋

◆ **概念發展**（concept development）
在教育領域裡，「概念」一詞指的是上、下、前、後、寬、窄這些用語，總共有七十八項跟身體、動作、力量、速度、方向及空間知覺相關的概念。

◆ **異側手腳交替動作**（cross-pattern movement）
左腳搭配右手、右腳搭配左手接續前進的標準走路動作，它也是跑步、拋擲和其他類似活動的標準動作。

◆ **方向感**（directionality）
常跟側化一詞產生混淆，它指的是對身體以外空間的判斷及感受。

◆ **精細動作**（fine motor skills）
又稱為小肌肉動作，這些通常必須仰賴粗動作的技巧，指的是操作鉛筆、樂器等用具時所運用到的小肌肉動作，例如眼球必須靠周圍的小肌肉來牽動。

◆ **粗動作**（gross motor skills）
又稱為大肌肉動作，指的是像跳躍、走路、攀爬等動作。

◆ **抑制**（inhibition）
意指對原始反射的克服，但並非去除。意外損傷或疾病可能會導致大腦重新恢復這些反射，以協助生存；原始反射的殘留會造成兒童發展和學習上的障礙。

◆ **側化**（laterality）
在兒童發展理論上，它指的是個別或同時運用身體兩側進行任務的能力，例如正確使用剪刀時，一隻手拿著剪刀剪，另一隻手握住被剪物。側化是發展空間概念的動作基礎，雙側化（bilaterality）則是運用身體兩側做同一件事的能力，例如嬰兒跨坐在滑板車上，雙腳同時推動身體前進。

◆ 原始反射（primitive reflexes）

嬰兒在胎中和出生後所出現的無意識動作，它會在大腦尚未建立好神經連結之前引發吸吮等生存技能，並且為日後的自主動作提供初步訓練。原始反射隨後會被自主動作取代，但前提是有適當的環境因素給予充分的刺激。

◆ 姿勢反射（postural reflexes）

繼原始反射之後出現，且終生不會消失的反射動作，例如我們身體倒立過來時，雙臂會騰空張開的「降落傘反射」（parachute reflex），以及身體一側會自動補償另一側的平衡，以預防跌倒的「平衡反射」（balance reflex）。

◆ 感覺統合（sensory integration）

大腦將來自眼、耳、鼻、舌、皮膚、肌肉與關節的訊息整合運用，為日後的發展建立基礎的一種過程。

◆ 感覺動作知覺活動（sensory motor perceptual activities）

結合視覺、聽覺、觸覺、味覺及動覺這些感官刺激以建立知覺的活動。

◆ 序列通道（sequential pathways）

序列是一個接一個之意，也就是說一連串的協調動作、聽覺需求或背誦學習，會對特定的大腦「通道」或神經束產生刺激。

◆ 時間覺知（temporal awareness）

個人對動作或節奏的速度、時間和順序的判斷及感受。

◆ 前庭刺激（vestibular stimulation）

透過內耳液體的波動，對前庭表面數千個毛細胞產生刺激。這些細胞會告訴我們身體在空間裡的位置，也在感覺統合上扮演重要角色。

◆ 視覺想像（visualization）

大腦「用心取相」的能力，其目的是幫助記憶某個動作、一連串聲音或者東西的外觀和感覺，也包括文字的形狀。

◆ 視覺追蹤（visual tracking）

單眼或雙眼的視線能在不轉頭的情況下隨著物體移動。

前言

本書的宗旨在於幫助父母掌握孩子成長的關鍵期，讓孩子的大腦充分發展。當環境能夠給予適當的刺激，大腦發展就會終生持續下去。

從胎兒期開始，大自然就為每個人提供了一系列天然、可預測、有順序性的發展機制；最初始的動作叫做反射，它們能刺激腦部神經通道的生長，幫助個體發展自主動作及學習能力。

本書的活動皆以循序漸進的方式設計，可以幫助孩子奠定良好的學習基礎。 每個孩子的發展速度不盡相同，以理想狀況來說，所有孩子都會經歷這些正常、可預測、有順序性的發展階段。

只要給予機會，讓孩子充分享受並參與書中的活動，就是在幫助孩子的發展，建議你挑選一些符合孩子年齡的按摩、前庭刺激和肢體活動，然後編成一組可以每天進行數次的十分鐘訓練操，如果寶寶已經是學步兒，執行上有困難，那麼可以改以漸進且有趣的方式，跟他們一起玩遊戲或者讀他們喜愛的故事書，每天只要撥個十分鐘，孩子就能從本書的遊戲中受益。

所有活動在進行時都不應該超過兩分鐘，而且要緩慢為之，記住：強度（intensity）、頻率（frequency）和持續時間（duration）是孩子學習的三大關鍵， 而重複就是遊戲的名稱——讓孩子出於本能去做，如果孩子遇到一些瓶頸，導致發展遲緩，那麼強度、頻率和持續時間絕對是你必須掌握的關鍵要素。

螺旋形發展

第八階段	4 歲半到 5 歲以上
第七階段	3 歲半到 4 歲半大
第六階段	2 歲半到 3 歲半大
第五階段	2 歲到 2 歲半大
第四階段	18 到 24 個月大
第三階段	會走路到 18 個月大
第二階段	6 到 12 個月大
第一階段	出生到 6 個月大

發展階段　　　　　　　　年齡層

營養的重要性

　　食物能在孩子的發展過程中帶來顯著的影響，本節所提到的營養議題，適用於幼兒期的各個階段。

　　食物不僅是身體的燃料，也是大腦的能量來源，它們能促進生長、補充體力、幫助細胞修復、維持荷爾蒙的平衡，因此食物攝取的種類、優劣以及時機，都會對孩子的發展、健康和學習產生重大的影響，尤其是在運動時，食物所提供的能量更能獲得有效的運用。

　　所有父母都必須謹慎考量人工色素、化學添加物及過多糖分對孩子的發展、學習和行為所造成的影響，許多食品和化學添加物都會誘發或延續孩子的行為與學習障礙，因此父母應該特別留意孩子對這些食品的攝取。

　　另外，一般食物所引發的不適反應，事實上也很普遍，舉例來說，有些孩子會對小麥或乳製品過敏，莓果與核果（如桃李等帶核水果）裡的水楊酸也會讓某些小孩出狀況。

　　儘管有人否認食品中的化學添加物會嚴重影響孩子的健康，不少父母卻已經證實那些成分會對孩子造成過敏反應。人們經常把兒童行為的偏差歸咎於父母，其實這對孩子、家庭還有整個社群都有失公平，因為只要食品裡摻有少許化學添加物，就足以對孩子造成影響；跟糖一樣，那些少量成分經常被添加到食品裡，而且不見得會被標示出來。

　　對食品和化學添加物過敏的孩子，經常被診斷出患有「自閉症光譜症候群」（autistic spectrum syndromes）、注意力缺失過動症（ADHD）等發展障礙，因為這些問題的症狀頗為相近，像咬人、咒罵、踹東西、分心、敏感、自閉等其他行為問題，都是預警的徵兆之一。

　　在我的經驗裡，運動帶來的刺激可以預防不當飲食或食物過敏所引發的障礙問題。

　　所以，請多留意孩子吃的是什麼！

　　若想進一步了解跟食品成分及添加物相關的過敏問題，請參考「食物不耐症網站」（Food Intolerance Network：www.fedupwithfoodadditives.info）。

第一階段
出生到 6 個月大

最初的活動

● 餵母乳是最自然的選擇，但不見得總是行得通。

● 請詢問專家關於配方奶的選購。

● 如果以奶瓶餵奶，請輪流由左右兩側餵，這樣不但有助於刺激寶寶兩側身體的發展，也能讓寶寶的左右手在抓扯媽咪的胸部和衣服時，都有機會練習張握。

以仰臥姿勢抱起寶寶

讓寶寶的頭靠在你的臂窩裡，然後將他抱起；先做一邊，再換到另一邊，重複三到五次。

以俯臥姿勢抱起寶寶

讓寶寶橫趴在你的手臂上，頭朝下，然後將他抱起；其餘跟前一個活動相同。

以坐姿抱起寶寶

讓寶寶坐在你一隻手臂上，另一隻手托住他的背，然後將他抱起。

寶寶出生後（有人說五天），盡可能趁清醒時讓他趴著，好讓他可以習慣這個姿勢，這個做法有助於新生兒產生重複性的「蠕動」反射，抑制不自主的原始生存反射。除此之外，俯臥也能強化寶寶的頸部，這對抑制原始反射、發展嬰兒期的自主動作也相當重要。

幫助寶寶的成長發展

- 寶寶剛出生時，聽覺的發育就已經比視覺還要成熟。
- 寶寶入睡時，可以放點輕柔的音樂或者大自然聲。
- 隨著音樂唱歌、擺動身體（按照節拍）。
- 所有協調動作都能刺激語言發展，而節奏是訓練協調動作的重要元素。
- 每天讀幾篇簡單且字句重複的韻文故事或童謠。
- 帶寶寶做些緩慢的按摩與運動，讓你的撫觸可以透過他的中樞神經系統，傳達到大腦。

慢慢轉圈

寶寶喜愛跳舞帶來的安撫感，它兼具按摩和刺激內耳（前庭）的功用。空間、形狀、時間、流暢感、韻律和情感交流都是跳舞的基本要素，因此**與寶寶共舞**將有助於平衡感、空間覺知與身體覺知（亦即本體感覺）的發展。寶寶未滿兩到三個月時，由於還無法靠頸肌支撐頭部，因此在這個階段，做任何活動都**必須托住他的頭**。

聯繫感情

　　透過按摩、搖擺和與寶寶共舞，聯繫親子之間的感情。當你輕柔地對寶寶說話或唱歌時，請看著他的眼睛。

　　隨著音樂節奏輕拍寶寶。

　　確認搖籃是可以擺動的。

抑制原始反射

● 寶寶必須熟悉自己的身體,才知道怎麼動。
● 動作可以促進大腦發展,而寶寶最初的動作是來自**原始反射**(無意識動作);
  原始反射的發展從懷胎初期就已經開始,因此是一生下來就會的動作。
● 許多反射動作都跟兒童的發展有關。
● 藉由按摩皮膚及其下的關節、肌肉、韌帶和末梢神經(包括內耳)等,
  原始反射就能獲得自主控制。

蠕動爬行

原始反射從出生前就已經存在,出生三、四個月之後會逐漸消失,它是寶寶日後成長發展的關鍵。

所有父母都看過自己的小寶寶在趴著時,會自動向前蠕動爬行。直到孩子兩歲前,你可以讓他像蟲蟲一樣向前爬,**增強兩側身體的覺知感**。

搖晃擺動

寶寶出生四週後,可以讓他趴著,然後穩當地用手托住他的胸部,輕輕騰空搖晃擺動,以鼓勵他抬頭並強化頸部和肩膀的肌肉。
這個做法可以讓寶寶藉由頭部的擺動,抑制原始反射。

按摩、按摩、按摩

- 請在寶寶出生後儘早開始按摩。
- 寶寶一開始雖然有視覺、聽覺和觸覺，但還不能理解訊息。
- 沒有固定準則：一切遵從你的直覺和他的反應。
- 一邊輕輕按摩他的肌膚，一邊面帶微笑地唱歌。
- 寶寶需要光著身子，躺在溫暖的毛巾被上。
- 你的手、乳液和整個房間都要保持溫暖。
- 動作要輕柔，而且翻身時一定要托住他的頭。

全身放鬆

讓寶寶躺在半充氣狀態的大海灘球上；輕輕彈壓球身可以幫助寶寶完全放鬆；用很慢的速度屈伸寶寶的手臂，然後屈伸雙腿；最後，一邊托住他的頭和頸，一邊溫和地拉起身體，做幾個引體向上的動作，增強肌肉張力。這些動作將能按摩他的韌帶與肌肉。

全身按摩

以順時鐘繞圈的方式按摩寶寶腹部；將你的手從寶寶的腰際滑向大腿兩側；按摩全身上下，然後托住他的頭，將他翻身；用緩慢的繞圈動作繼續按摩他的脊椎和背部；用逗玩的方式輕捏他的小屁股。

大腦主宰學習，因此大自然提供了一系列可預測、有次序性的動作，幫助大腦發展。寶寶兩個月大時，你可以用更多的物品來輔助，並且變換按摩方法，例如用指尖輕輕敲彈。

更多按摩

● 輕柔觸碰和施力按壓穿插運用。
● 從吹氣遊戲開始——對寶寶的手掌或全身各部位吹氣，他們很喜歡這種輕柔的觸感。
● 音樂、哼唱和歌曲能滋養大腦和耳朵；編一首辨別身體部位的歌；唸童謠能提供節奏感。

> 輕柔的觸碰與肢體動作可以刺激末梢神經；按摩有助於刺激身體覺知。

按摩頭與胸

首先，沿著軀幹從頭到腳推撫數次；輕輕地在頭部畫圈；雙手捧住寶寶的頭，按摩頭皮；慢慢把動作帶到臉部，用指尖按摩眼皮和鼻子；從胸廓順著肩膀下推到手臂。

按摩手臂

先做全身推撫；從手部一路往上揉捏到肩膀，再回到手部，並按摩手指和掌心。

按摩腿部

用大拇指來回按摩雙腿，然後帶到腳踝；搓揉、按壓每根腳趾。

2～3 個月的嬰兒活動

● 餵母奶時，允許寶寶一邊吸奶一邊張握手掌，以便刺激吸吮及抓握反射。
　如果這兩種反射在學齡階段仍未消失，可能會導致書寫障礙。
● 用奶瓶餵奶時，請跟餵母奶一樣，輪流從左右兩側餵哺，這樣可以刺激寶
　寶身體兩側的發展。

2～3 個月大的腿部及腹部發展

　　抬高寶寶的臀部，寶寶的腿就會自
動抬起，放下臀部，雙腿就會自動伸直；
本練習可以強化腹肌，為日後的動作做
好準備。

動作必須要溫柔，千萬
不能惹寶寶哭。
溫柔但穩當地抱住寶寶，
尤其要扶好頭部和頸部。
肌肉張力不足會經常等
於協調性不足，這是因
為四肢無法把動作整合
在一起！
搖擺不僅能刺激跟肌肉
張力和平衡感相關的器
官，還能增加頸部肌肉
的力量，幫助掌控頭部。

臥姿左右搖擺

　　在仰臥狀態下，牽著寶寶左右輕輕
地擺動，他的頭將會跟著轉。擺動的幅
度請勿超過 45 度。

嬰兒運動

俯臥可以強化寶寶的頭部、頸部和肩膀的肌肉，抑制原始反射，如果你的寶寶有吸吮障礙，請尋求哺乳專家的協助，如果他喝的是配方奶，請留意任何不安哭鬧或皮膚起疹的現象，這有可能是體質不適應所引起的。

緩和翻身運動

在仰臥狀態下，輕輕彎起其中一腿（同側手臂將會掠過寶寶的胸部），然後推著彎曲的膝蓋朝身體另一側翻過去（寶寶的頭會稍微抬起，這有強化頸肌的功用）；用相同的方法，緩慢地來回翻轉數次；請用你的手溫柔地托住他的後腦勺。

手臂運動

慢慢將兩隻手臂同時舉起、放下，或者用左右交替的方式屈伸兩肘（如左圖）。本練習也適用於一個月大以上的寶寶。

蹬腳運動

你可以利用手掌或捲起的毛巾刺激寶寶的踏步反射：朝寶寶的腳掌稍微施力，讓他主動把您的手掌或毛巾捲蹬開。

這些運動的用意是放鬆寶寶的四肢，幫助他發展肌肉張力與身體覺知；寶寶的四肢應該完全伸直，但切勿勉強；請緩慢、溫和地進行每項運動。

前庭刺激

內耳是個十分複雜的結構，不僅主宰聽覺和平衡感，也跟地心引力和肢體動作有關。

> 寶寶需要你提供前庭刺激的機會，前庭活動是抑制原始反射、發展平衡感不可或缺的要素，姿勢控制、動作感、空間感、深度感和本體感覺都需要良好的前庭感覺。

坐姿左右搖晃

在寶寶坐著的狀態下，雙手抱著他往兩旁輕搖，注意要抱緊。

坐姿前後搖晃

抱著寶寶前後擺動（適用於兩到三個月大的寶寶），讓他練習支撐頭部，但請適時用手托住——不要讓他的頭搖來搖去。

毯子搖籃

請和另一人合力抓住毯子的四個角，做個小吊床；將寶寶放在吊床上，來回擺盪。

地板遊戲時間

哭鬧不安的寶寶多半都有濕疹、皮膚疹、便秘、腹瀉、重複性耳朵感染、扁桃腺炎或呼吸道感染的問題，請尋求醫師或嬰幼兒專家的協助。

以下的活動可以強化寶寶的頸部肌肉，請在換尿布後，溫和地進行數次即可。頸部如果缺乏良好的肌肉張力，刺激初始動作發展的先天無意識反射，將會妨礙頸部的正常運作。

4 週大的蹬腳運動

讓寶寶俯臥，膝蓋微微彎曲，將你的手掌抵住他的腳掌，稍微施力，他會朝前蹬開你的手，這是他練習匍匐前進的開始。這個動作在雙腿輕微彎曲時最有效果；試著進行半分鐘到一分鐘，並且以**少量多次**為宜。

轉頭運動

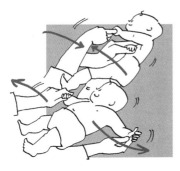

請在墊子上進行這項運動。寶寶愈早能夠轉頭，視覺追蹤的發展就可以愈早開始；搖鈴是鼓勵寶寶轉頭的一個很好的工具。本練習的目的是提供寶寶抬頭的機會，強化他的頸部肌肉。

以上活動都能幫助抑制原始反射，誘發有意識的自主動作。
地板時間對寶寶日後的發展相當重要，因此在寶寶幾週大時，就可以開始讓他在清醒時短時間趴著，以便習慣用這個姿勢玩耍。

不可或缺的俯臥時間

● 寶寶不但喜歡大人讀故事書給他聽，感受音調的高低起伏以及親切話語帶來的安全感，也喜歡看書本一頁頁翻過去的樣子。如果這兩種反射在學齡階段仍未消失，可能會導致書寫障礙。

● 給寶寶大量的摟抱。

● 讓寶寶在清醒時趴著，可以幫助他的耳鼻分泌物流出，以免阻塞造成耳朵感染。

照鏡子

在寶寶面前擺一面鏡子。

跟寶寶一起對著鏡子玩遊戲。

＊注意：目前對寶寶來說，抬頭仍然是困難的事，所以即使只有短短幾秒鐘，都有很大的意義。

滾筒遊戲

給寶寶一個小滾筒，讓他可以空出手來玩；這也能幫助他在玩耍時練習俯臥。

俯臥時間主要在鼓勵寶寶活動筋骨，這樣大腦的神經網路才能獲得刺激；一直讓寶寶躺著，不僅會妨礙早期動作的發展，也會抑制了兩側身體的使用。

發展和學習發生在身體的末梢神經和韌帶受到刺激的時候。

請盡量給予寶寶俯臥的機會，即使每次只有短短一分鐘。

抱著寶寶跳舞：刺激大腦

音樂和舞蹈是寶寶日常生活中相當重要的一部分，即使在這麼幼小的階段，寶寶都可以透過歌曲培養節奏感、記憶力和動作協調能力。
內耳的末梢神經需要刺激，這樣才能傳送訊息給大腦，發展平衡感、身體與空間覺知以及肌肉張力。

在對著寶寶唱歌，抱著他擺動、轉圈時，電視或收音機的音量記得要調小。舞蹈具有模仿性、重複性和協調性，也能讓寶寶透過肢體動作，探索不同音樂的節奏、情緒和感覺。

寶寶在媽媽的子宮裡已經過了九個月搖來盪去的日子，這些輕柔的舞步就是重複那種舒服的刺激。溫柔且穩當地把寶寶抱在懷裡，並適時托住頭部，幫助他接收視覺上的刺激。

你可以跟其他家長和寶寶

圍成一個圓圈，然後輕柔地把孩子盪向圓圈中央，再盪回來，並且搭配不同的逗弄、踏地、跑步、搖擺、跳動的動作，甚至抱住孩子微微地往前傾。

記得一定要保護寶寶的頸部。

回到家後，請繼續用同樣的節奏走動！

不分年齡的音樂

● 新生兒是從音量和音調的變化中學習。

● 音樂可以讓寶寶得到鎮靜或刺激，也能改變情緒。

● 辨識不同的聲音對於語言的發展相當重要，話語是透過反覆聆聽
而習得的。

「傾聽」是主動處理聲音及其他感官訊息的過程。
「聽」是被動接收聲音的過程。

音樂總是離不開節奏，節奏是姿勢的一部分。

跟音樂和節奏相關的肢體活動，對寶寶來說相當重要，即使在只有幾個
月大的時候。音樂和歌曲有各種不同的節拍、音調與音量。

聆聽古典音樂，尤其是莫札特、韋瓦第以及其他巴洛克時期作曲家的音
樂，可以為中耳的肌肉帶來「微按摩」（micro-massage）的效果，
而這能對大腦的聽覺皮質區產生刺激，進而影響其他神經系統，並帶來
生理及心理上的益處。

出生到 2 個月大的視覺訓練

● 寶寶一生下來就有視力,但還不具視覺,光線和影像晃動就等於視覺;
視覺隨時隨地都在發展。
● 經常讓寶寶在清醒時趴著,即使只有短短幾分鐘,
都對於視覺的發展有很大的幫助。

房間裡的微弱燈光

為了幫助寶寶刺激眼睛,你可以在房間裡
擺設閃爍的小燈,例如聖誕樹上的小燈泡,每
天開啟四次,每次數分鐘。

吊飾

在距離嬰兒床 20 ～ 30 公分處懸掛一串吊飾,讓寶寶直視時可以看見,
且每隔幾天就換到另一邊。在此階段,寶寶還沒辦法看清楚近距離的物品。

視力代表你能看到東西,視覺代表你能夠對所視之物做出解釋;
視覺的發展與形成,來自大腦從動作、觸覺、聽覺、嗅覺和味覺那裡
所接收到的感覺訊息;所有刺激內耳的活動都可以刺激視覺;
控制眼球的肌肉會受到內耳功能的影響。

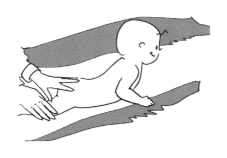

近距離視覺

寶寶出生後,一定要讓他在清醒
時有機會趴著,這對各方面來說都很重
要,尤其是近距離的視覺發展。如果有
必要的話,可以拿枕頭墊在他的腋下。

2 ～ 6 個月大的視覺訓練

在出生的那幾個月，寶寶從動作和觸覺那裡接收到的訊息會比眼睛多。滿兩、三個月時，請將吊飾移到離寶寶較近的地方，因為他現在需要累積注視物體的視覺經驗。吊飾能幫助寶寶發展深度知覺及距離判斷能力，當寶寶揮舞緊握的小拳頭時，會在無意間碰到物體，然後最終會張開手指去抓取。

近距離聚焦

寶寶兩個月大時，請將他的小手舉到在他面前，輕輕擺動，以鼓勵他用眼球追蹤物體的位置。

搖鈴

在距寶寶前方一臂之長的地方揮舞搖鈴，讓他隨著聲源轉動頭部。由於本動作涉及頭部的轉動，因此也會運用到頸部肌肉的控制，以及視覺的調整。

到了本階段結束時，寶寶將能隨著物體移動視線，並具備手眼協調的能力。視覺無法單獨發展，必須跟其他感官密切配合，因此請確認寶寶不只能看，還能聽、能感覺、能品嘗味道；寶寶應該不只能看到搖鈴，還能知道它會發出某種聲音。請幫助寶寶協調他的視覺、聽覺與動作，因為他以後會用更複雜的方式學習及思考。

當寶寶感受到溫暖親切的撫摸時，他的大腦會充滿大量促進神經連結的激素，而在接下來的幾年裡，這些連結將會建構出更精密的神經網路。

2～6 個月大的運動

● 運動能幫助寶寶整合大腦產生的各種感覺。

● 熟能生巧。

● 第一次翻身通常都在偶然間發生,例如拿取某個玩具時。

翻滾運動

鼓勵寶寶隨意地翻來翻去。
提供寶寶滾斜坡的機會,例如:
把床墊的一端拉高。
包著毯子滾會更好玩。

足部運動

輕觸腳底,讓寶寶的足部彎起,
啟動原始反射。
輕撫腳踝,腳趾會成扇狀張開,
輕撫腳掌,腳趾則會向內蜷曲。
腿部通常會先彎起,然後再打直。

足部反射關係到日後的行走能力。
肌膚的觸感對身體覺知的發展相當重要。
原始反射的抑制會隨著頸部與背部的強化持續進行。

頸部與背部的強化

在寶寶仰臥的狀態下,握住他的雙手,緩慢地將
其上半身抬離地面/床面,這個動作可以強化頸部、
肩膀與肘部的肌肉。請留意頭部的後垂(head lag,
如右圖),這個現象一出現就要立刻用手扶住。

臀部及四肢運動

● 每個活動都將為日後更複雜的功能打下基礎。
● 俯臥前進的動作可以讓大腦接收更多來自肌肉、韌帶和關節的訊息，並且幫助寶寶認識自己的身體及其活動方式。

踢氣球

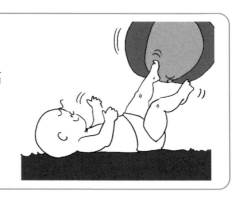

　　在寶寶兩個月大時，請稍微抬高他的臀部，讓他的腳可以碰到氣球，不過他很快就可以靠自己辦到。

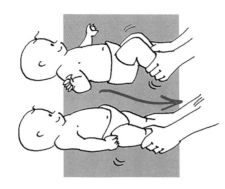

腿部運動

　　隨著童謠的節拍，朝上、下、內、外的方向屈伸雙腿（兩腿一起或者分開進行）；每次換尿布時都可以做這個運動。

　　抬起寶寶的臀部，然後在兩腿分開時發出某個有趣的聲音。

　　寶寶的每個動作都是健身操；當寶寶在活動時，外界的訊息就會傳送到大腦。
　　如果寶寶出現抗拒的狀況，不妨試著輕輕按摩。

前庭活動

　　搖椅和搖籃可以帶來溫和的前庭刺激，誘使寶寶入睡。根據研究顯示，經常獲得前庭刺激的新生兒，動作技巧的發展會比較迅速，這是因為他們的感覺刺激比較豐富的緣故。

前後擺一擺

　　抱住寶寶的腰部，讓他呈半站立的姿勢，然後一邊前後搖擺，一邊唱：

Here we go rocking,
Forwards and backwards,
Here we go rocking,
Just like this.

（可替代的中文童謠：「搖啊搖，搖到外婆橋」）的聲音。

上下動一動

　　從背後穩穩抱住寶寶的腋下，做上下蹲立的動作（目的是讓寶寶的兩腿彎曲，然後朝上蹬直）。

嬰兒車顛簸之旅

　　凸起程度不大的人行道邊緣，可以提供舒服及具有前庭刺激作用的搖擺與晃動。

內耳是個非常複雜的結構，裡面包含了聽覺與前庭的末梢神經。
當內耳的末梢神經受到刺激，就會產生重要的感官訊息，協助整合其他傳送到大腦的感覺和動作訊息，因此這些刺激對姿勢、平衡感、協調性、運動、視覺和聽覺的發展都很重要。

進階前庭活動

前庭刺激有助於語言的發展，因為前庭系統跟聽覺系統的關係很密切。

> 拍手、敲敲打打、哼唱兒歌或童謠、翻滾、搖擺、懸盪和上下晃，都能幫助大腦協調身體的動作。前庭系統的運作方式就跟交通警察一樣，它會整合來自各個感覺系統的訊息，然後告訴每個感覺往哪裡去，還有何時該停下來。

翻滾

在媽媽的膝蓋或者一顆中型球上搖擺、翻滾或上下晃，會讓寶寶覺得很好玩。你可以一邊做活動，一邊唱：

[名字] 搖一搖，滾一滾，晃一晃。
[名字] 搖一搖，滾一滾，晃一晃。
就像這樣搖／滾／晃。

慢慢轉圈

旋轉擺盪

把寶寶抱在懷裡搖，或者讓他坐在你的大腿上隨著旋轉椅慢慢地轉圈，對原始反射的抑制都很有幫助。這是絕佳的前庭刺激，一旦寶寶學會了坐，嬰兒用的小鞦韆就可以成為另一項方便的選擇！

童謠、歌曲與節奏

重複性對寶寶來説相當重要。每個文化都有自己的搖籃曲、兒歌和唸謠。請一邊帶著寶寶做運動,一邊哼唱歌謠,就算歌詞無意義也沒關係,因為這能促進寶寶的語言發展。

兒歌與唸謠

每次做肢體活動時,永遠要記得唱誦耳熟能詳的童謠。

你能來一段帶動唱嗎?例如:

Jack and Jill

Jack and Jill went up the hill to fetch a pail of water.

(穩穩抱住寶寶的腰,慢慢把他舉高,讓他在 up the hill 時抬起頭)

Jack fell down and broke his crown,(慢慢放下來)

And Jill came tumbling after.
(抱在懷裡左右搖)

(可替代的中文童謠:「小毛驢」)

童謠是結合了運動、感覺動作刺激與節奏的學習素材。

翻滾、上下晃、左右搖和前後搖,都具有刺激節奏感和平衡感的功用。

3～6個月大的前進訓練

　　這個階段的新生兒已經可以趴著蠕動，有的甚至開始出現倒退爬行的現象，不久之後，他們就會學習匍匐前進，進入螺旋形發展的下一階段。

　　重複性的爬行動作，無論前進或後退，都能刺激大腦的神經連結。有了良好的動作協調能力，你的寶寶就能開始探索這個世界。

- 本節提供了一些鼓勵性的做法，可以引導寶寶進入活躍的探索期。
- 現階段的按摩方式跟前面大致相同，但難免會因為寶寶活潑好動而遇到困難，你可以讓他橫向俯臥在你的雙膝上，再進行按摩。
- 趴在地上跟寶寶互動，讓地板成為他的遊戲場。

- 搖鈴依舊是很好的娛樂和刺激工具，無論在聽覺還是視覺追蹤方面。
- 在寶寶還沒有足夠的肌肉張力可以支撐身體以前，請勿讓他坐著。
- 如果寶寶在現階段還不會匍匐前進，請別過度擔憂。
- 一定要繼續讓寶寶在清醒時有規律的俯臥時間，而且時間可以拉長。

肌肉張力發展

● 聽覺和肌肉張力的發展已經可以讓寶寶發出更多牙牙學語的聲音,你可以
  利用唱歌和說話多多引導他。
● 試著以一來一往的方式跟寶寶交談,他可能只會動動自己的頭、眼睛或嘴
  巴,或者發出牙牙學語的聲音,但這都表示他正在傾聽。

引體向上

　　引體向上運動可以繼續強化寶寶頸部、肩膀和背部的
肌肉,如果出現頭部後垂的現象,請托住他的後腦勺。進行
方法:先讓寶寶躺在你的兩腿上,然後慢慢把他拉成坐姿。

降落傘反射

　　在前後搖晃的狀態下撿拾某個玩具,不但可以促
進手眼協調,還能誘發降落傘反射,也就是雙臂向前
張開避免自己墜地的動作。請把手或吊帶托在寶寶的
髖部或大腿上部,以便讓寶寶可以安全地向前撲。

伏地挺身

　　在寶寶俯臥的狀態下,穩穩地托住他的骨盆
並抬離地面。當下半身被托高時,寶寶的手臂肌
肉會用力撐起並伸直。這是個重複性的運動,而
且可以慢慢增加練習的頻率及持續時間。

以上活動不僅能強化頸部和背部肌肉,也能刺激空間覺知及視覺調節能力。
先前的活動有很多依然適用,而且會變得更加容易。
隨著寶寶的大腦不斷發展,新的動作技巧也會出現。
現在無論做任何活動,頻率和持續時間都是關鍵所在。

腿部、足部與手部刺激

- 打赤腳以及給予大量的按摩，可以幫助寶寶抑制足部反射。
- 寶寶一定要能感覺，才能知道怎麼動。
- 寶寶的腳和腳趾必須靈活自如，才能維持身體的平衡，而這必須透過肢體活動來達成。
- 腿部運動可以刺激肌肉張力，尤其膝蓋的靈活度關係到日後蹲立、攀爬和走路的能力。

> 腿與腳的發展開始於嬰兒期，並且有賴於傳送到大腦的感覺刺激，而這些感覺刺激有很多都是來自初期的肢體活動；有道是：「用進廢退」，**寶寶生命中的第一年就是刺激腦細胞發展的關鍵時期。**

踢氣球

　　讓寶寶躺著用手和腳踢觸氣球，是一項很好玩的活動。到了五、六個月大時，有些嬰兒甚至會用腳把氣球傳到自己手上。

嘿，我的腳在這裡！

　　請給寶寶一點時間，躺著把玩自己的腳。在他試著彎曲膝蓋、抬高臀部和吸吮腳趾時，他會愛上那種前後搖擺的感覺。在這個活動中，寶寶不僅會認識自己的腳和腿，也會曉得如何憑自由意志讓它們活動。

動作刺激

到了五、六個月大時，某些寶寶會對母乳及配方奶產生排斥感，這有可能是食物敏感症（food sensitivity）的早期徵兆，如果你的孩子也有這種狀況，最好請教醫師或嬰幼兒專家的意見。

地墊時間

此時寶寶已經很會抬頭，反射動作也逐漸受到自主動作的抑制，因此趴在地墊上時，會做出更多的肢體動作。

趴在坐墊或球上滾

讓寶寶趴在球上，慢慢地滾向一側，再滾向另一側。本活動不僅能強化頸部肌肉，幫助頭部轉動，也可以提供肌肉張力方面的發展。

平衡反射的發展

讓寶寶躺在海灘球上，抓住他的大腿，慢慢將海灘球往前滾以及往兩側滾。寶寶的腹肌將會隨著平衡反射的發展得到強化。另用俯臥的姿勢進行練習。

在這個階段，寶寶要學習的是如何在空間中做出協調性的肢體動作，並且發展他的視覺、聽覺、觸覺、嗅覺、味覺、肌肉以及頭部轉動的能力。
頭部轉動能力是前進動作、抑制原始反射以及發展肌肉張力的必要條件。
有些寶寶已經出現腹部貼地前進的鱷爬式動作（同手同腳前後移動）。

前庭刺激

以下的活動能透過上下、前後、左右的緩慢擺動，為寶寶帶來絕佳的運動感覺刺激。

前後搖

首先讓寶寶躺在你伸長的大腿上，雙腳抵著你的肚子，然後往後搖，讓他從仰躺變為站立，然後再搖回來。最多做十次就夠了。

左右搖

讓寶寶跨坐在你的大腿上，兩腳靠著你的腰，然後抓緊他，一邊左右搖擺，一邊唱：我們一起搖啊搖、搖啊搖⋯⋯
記得目光要對著寶寶。

上上下下

讓寶寶維持直立的姿勢，抱著他做上下蹲立的動作，記得要托住他的兩脅，不要讓他的腳支撐身體重量。

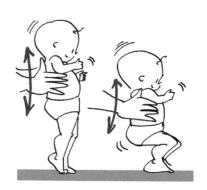

- 這些活動能為大腦帶來強烈的感覺訊號，讓寶寶瞭解自己的空間位置、眼球如何隨姿勢轉動，以及需要靠哪些肌肉維持平衡，對語言發展尤其有刺激作用。
- 只做你充分明瞭的部分，如果不太確定，請先用洋娃娃或動物玩偶練習看看。
- 每個活動只做一到三次即可。

SMART START

第二階段
6 ～ 12 個月大

爬行、扶行、走路

大部分的寶寶已經有了爬行的欲望，或者已經出現鱷爬式（腹部貼地前進）、狗爬式（用手和膝蓋爬行）和扶行的動作。爬行能促進大腦的神經新生，大多數的寶寶會先從鱷爬式開始，然後進入狗爬式，大約五個月後可以扶著牆壁或家具前進，最後學會走路，不過這幾個階段仍會因人而異。扶行並不等於走路，通常寶寶會有好幾個月的時間兩種方式並用。

● 寶寶一開始躍躍欲動，就是該做好居家安全防護的時候了：把所有的尖角包起來，貴重物品也要收好。

● 地板要保持乾淨，並且給寶寶充分的自由探索他的新世界。活動式的遊戲圍欄會限制寶寶的活動範圍，所以倒不如把你自己和燙衣板關在裡面。

● 裝設安全防護門，並允許寶寶取用廚櫃裡的鍋碗瓢盆，這是刺激他的感覺運動神經、促進大腦發展的重要時期。

● 千萬不要把寶寶放進螃蟹車（學步車），他需要多多爬行，這是最自然的發展方式，螃蟹車可能有害。

● 寶寶進入狗爬式階段時，通常也會繞著家具扶行，因為兩者牽涉到相同的反射動作。

按摩

我們的皮膚會接收外界訊息，讓它們透過神經中樞傳遞給大腦進行解譯，並且在必要時轉換成肢體動作，這也是為什麼當我們覺得冷時，會盡量多穿衣服。在這個階段，按摩很容易成為「有本事就來抓我」的遊戲。

洗澡時間

- 幫寶寶洗澡或擦乾身體時，請用粗糙且柔軟的毛巾。
- 用洗臉巾、海綿或塑膠洗澡玩具輕拍、搓洗寶寶的身體。
- 可開始教導孩子認識冷熱水。
- 別忘了搓揉手和腳。

包在毯子或其他織物裡翻滾，可以替寶寶的大腦帶來感覺刺激。

按摩除了能增加親子間的親密感，也是幫助寶寶認識自己身體的好機會，因此你可以一邊按摩，一邊為他介紹各個身體部位。

按摩的方式有很多種，包括用手指規律地按壓全身用軟刷或布巾輕觸肌膚、以及讓寶寶拍球、滾球等等。

觸覺經驗

感覺經驗對寶寶來說相當重要，請做做下列活動：

- 包在毯子裡擺盪
- 沿著斜坡滾下來

- 觸摸不同質感的小草、路面、沙子、泥土
- 聞聞花香

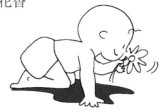

按摩、運動與音樂

　　按摩應在光著身子的狀況下進行，但不是每次都適合這麼做，因為嬰兒不像大人一樣能警覺自己有沒有受涼。儘管你的寶寶靜不下來，你還是應該試著讓他俯臥，在眾多活動的穿插下進行按摩；你的動作要迅速確實，不妨利用能發出有趣聲響的玩具或者鏡子來吸引他的注意。

一邊說話，一邊按摩或做運動

● 幫寶寶按摩或做運動時，請溫
　柔地對他說話或唱歌。

● 別忘了他的手和手指、
　腳和腳趾。

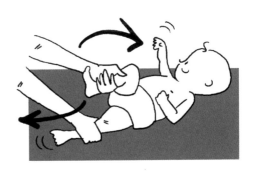

● 手腳是寶寶發展的關鍵，所以請盡量讓他光著腳活動，這樣腳部的感覺
　訊號就會跟眼部的視覺訊號搭配起來，發展出平衡感。
● 為了增加聽覺經驗，請利用音樂或聲音跟寶寶玩躲貓貓，他能分辨聲音
　是從哪裡來的嗎？你可以從他的轉頭反應得到答案。音樂還有鎮靜、放
　鬆、刺激甚至改變情緒的作用。
● 保持愉悅的心情——寶寶會感受得到！

俯臥時間

　　請勿鼓勵寶寶坐起來，等他爬行一段時間，發展出適當的肌肉張力後，他自然而然就會這麼做，這也能避免將來發生姿勢方面的問題。

　　俯臥時間也是發展近距離視覺及視覺調節的重要階段。

俯臥活動

> 動作技巧發展良好的寶寶，已經從運動時累積的成敗經驗中對外界有了認識，而這將會幫助他們避開危險——他們學得很快！

　　鼓勵你的寶寶趴在地上注意某個玩具或某本書、找尋某個聲音的來源，或者照照鏡子。

搖擺

　　小寶寶很愛仰躺或俯趴在海灘球或治療球上，任由大人搖來搖去，無論往哪個方向都行。

　　進行這些活動時，請隨時注意寶寶的安全。

俯地爬行

大腦發展是先天基因和後天經驗相互影響的結果，嬰兒的早期經驗有助於形塑大腦，而爬行就是其中最重要的階段之一。

- 有的寶寶很早就能匍匐爬行，有的則要花比較長的時間，大自然會決定他們什麼時候可以靠四肢爬行，不過這通常是俯臥時間及肌肉張力不足所致，跟智能發展並沒有關係。
- 會匍匐前進的寶寶，通常都能順利地靠四肢爬行，然後扶著家具行走，因此請盡量讓他們爬行和扶行，不要牽著他們走。
- 在智能上，較早學會走路的寶寶並沒有比較聰明。

異側手腳交替爬行動作

寶寶剛開始會先用同側手腳前進，然後再換另一側手腳，甚至兩側手腳一起來，不過技巧很快就會純熟。過了一陣子之後，寶寶的異側手腳交替動作（現稱匍匐前進〔commando〕）就會發展成異側手腳交替爬行動作。

探索刺激

跨越不同材質的地面，對寶寶來說是個相當重要的發展過程，因為這可以讓他們的感官有更多機會去聽、去看、去感覺所有東西的特性。寶寶在這個階段相當開心，因為他們終於可以趴趴走了！

絕佳噪音

這個年齡的寶寶，特別容易受到廚櫃的吸引。想想這些鍋碗瓢盆所能帶來的絕佳感覺刺激！

用臀部拖行的寶寶

俯臥對所有寶寶來說都是很好的大腦刺激，有些寶寶會跳過狗爬式的階段，在地上用臀部拖行，尤其是很早就學會坐的寶寶，然而只要不刻意維持寶寶的坐姿，通常就可以避免這個問題。所有寶寶都應該等到六個月到一歲大，發展出保護性反射動作後再學習坐姿，以免身體因重心不穩而翻倒。這些反射動作都跟不同姿勢的視覺調節有關，所有寶寶都必須先具備這些平衡反射，大腦內的神經連結才會開始生成。

為了促進寶寶的發展，你可以每天給他機會，讓他盡情參與發展性的活動，這能幫助他克制用臀部拖行的欲望。

上下台階

台階是鼓勵用臀部拖行的寶寶做出爬行動作的絕佳工具。

障礙訓練

跨越障礙拿取某個玩具（如圖所示），通常可以促使寶寶想辦法用別種方式移動。

用臀部拖行的寶寶，最終還是能學會走路，並且將他們錯過的感覺運動刺激彌補回來。然而不遵循正常的發展階段，對學習能力來說等於是一種賭注，不過不至於會危害健康。

肩膀、手臂和手部發展

現在市面上的食品，很多都會對寶寶的發展和行為造成影響，如果你對自己孩子的行為和發展有所疑慮，請向專家尋求諮詢和建議。

白浪滔滔我不怕

讓寶寶抓住一根小棍子或者你的手，一邊唱歌，一邊輕柔地推著他前後搖。鼓勵寶寶彎曲手肘，增強他的肌肉張力，並且視需要幫忙寶寶做出低頭的動作。

- 手是手臂及肩膀的延伸，如果臂肌不夠有力，手的抓握也會受到影響。
- 如果寶寶的頭有後垂現象，請幫忙托住，這通常是俯臥時間不夠導致的結果。
- 給寶寶多點機會趴在小滾筒或靠墊上。

手推車

首先讓寶寶俯臥，然後將他的臀部抬起，與肩膀同高，一邊鼓勵他用手前進，一邊唱：

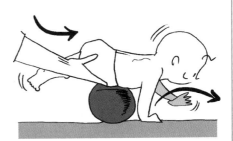

　　大家一起向前走、向前走、向前走，

　　大家一起向前走，跟著（寶寶名字）走。

如果寶寶的手臂還不夠強壯，可以先趴在一顆球上前後滾動，練習用手爬行。注意寶寶的手要平貼觸地。

透過肌肉張力刺激保持平衡

　　在嬰兒期階段，平衡動作必須透過反覆練習，才能在大腦內形成神經連結。請注意肌肉張力對平衡感所造成的影響，肌肉張力不佳的孩子，通常也會合併出現其他方面的障礙。平衡反射同樣經由內耳的前庭系統獲得發展及刺激，因此前庭活動可說是關鍵所在，進行前庭活動時，記得一定要保護寶寶的頭部和頸部。

　　在滾筒、治療球、海灘球或父母的腿上玩遊戲，可以幫助寶寶藉由肌肉張力刺激，強化手眼協調以及腿部、膝蓋與足部的發展，這是他們日後可以坐、爬、扶行和站立的準備訓練。在你的寶寶還不能靠自己辦到之前，請勿刻意讓他做出坐姿或站姿，寶寶從一開始的匍匐前進、坐起來、用四肢爬行，到最後可以扶行、站立、走路，都必須具備足夠的肌肉張力以及左右肢體的平衡反射動作才行，這些反射動作並不是原始反射，而是終生存在的姿勢反射。

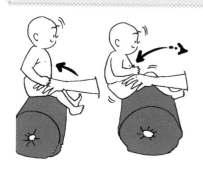

平衡感

　　讓寶寶兩腿併坐在滾筒上，輕緩地前後滾動，或者讓他跨坐，往左右兩側滾動，都可以強化寶寶的腹肌和背肌，培養平衡感與腳力。

學鳥飛

　　請你躺下來，雙腳離地，膝蓋彎曲，然後讓寶寶趴在你的小腿上，抓著他的手臂，學小鳥展翅向外打開，同時上下擺動你的小腿。

　　注意寶寶的手要平貼觸地。

爬行訓練

用四肢爬行（狗爬式）是寶寶接收感覺刺激，發展肌肉張力與視覺的重要階段，寶寶爬行時的手眼距離，將成為他日後上學的閱讀距離。想想看，寶寶在爬近爬離玩具的過程中，會增加多少視覺聚焦和小肌肉調整方面的練習。

空間覺知

從桌椅的上方或下方爬過去，對空間覺知的發展相當有益。小寶寶們只要看到玩具就會立刻拿取它，所以不妨用桌椅、凳子和紙箱，為孩子設置一座障礙訓練場。

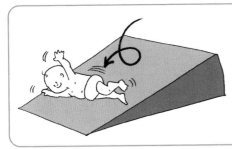

斜坡真有趣

找找看住家附近有沒有低矮的斜坡，或者在後院或遊戲室自己裝設一個，寶寶很喜歡爬上去再滾下來的感覺。

爬行平衡

沿一道架離地面的平台爬行，對寶寶來說是一項挑戰，他會樂此不疲地在上面爬來爬去；本活動也需要運用到深度覺知。

- 狗爬式出現在鱷爬式之後，它是感覺運動發展的另一重要階段。
- 寶寶對空間認識得很快：我進得去嗎？我要爬多久才能拿到那個玩具？
- 寶寶為了保持平衡，會發展出異側手腳交替的動作（左膝與右手同時移動），這些動作會在他的大腦裡形成神經連結，為日後的發展打下基礎。

階梯訓練

　　寶寶一旦開始可以到處活動，梯子對他們就特別具有吸引力。在十個月大之前，寶寶就能學會一邊把腿抬到梯子的橫檔上，一邊往上抓住下一個橫檔。注意寶寶是否把拇指扣在橫檔下方，做出充分抓握的動作。

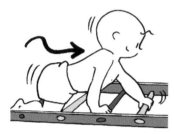

沿水平的梯子爬行

　　鼓勵寶寶用手和膝蓋或腳沿著橫檔爬行。彩色橫檔可以幫助寶寶發展顏色知覺；適時矯正寶寶的抓握動作，讓他把拇指扣在橫檔下方，這對日後發展正確的握筆姿勢有很大的幫助。

沿直立的梯子攀爬

　　直立梯子最容易讓寶寶學會攀爬，它就像垂直爬行一樣；如果有必要，可以幫忙寶寶把腳抬到橫檔上，手也是一樣。

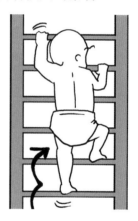

- 重複練習即是學習。
- 提供一個低矮的嬰兒梯（橫檔直徑 1.9 公分，約十二條，每條相距 10 公分），這可以讓寶寶在蹬腳向上和抓取橫檔的過程中，發展出抓握能力和肌肉張力。
- 把腳跨到正確的位置，不但能讓寶寶的大腦運作起來，產生新的連結，還能強化膝蓋周圍肌肉的共同收縮作用（co-contraction），為日後的蹲立及跳躍打好基礎。

扶行、蹲立、思考

爬行、站立和扶行全都來自原始反射——當頭往下垂，兩腿會自然伸直，手臂會自然彎曲；當頭往上揚，手臂會自然伸直，兩腿會自然彎曲！很快地，寶寶就會開始扶著家具巡行，學習對抗地心引力保持站姿。要注意的是，扶行並不等於走路。

站立和扶行

記住，你的學步兒現在並不是在走路，請不要牽起他的手鼓勵他邁步前進。

蹲立

要能夠扶行，寶寶就必須能彎曲膝蓋。把物品放在地板上，可以誘使寶寶從立姿變成蹲姿，再回到立姿，想想看這個動作對肌肉發展所帶來的幫助。

爬出紙箱

嬰兒跟紙箱一向是絕配。請注意寶寶在思考如何爬出紙箱拿取玩具時，所運用到的動作計畫能力。

站立和扶行並不代表寶寶已經會走路，請多給他時間增強腿部的力量，為將來的行走做好準備。在能獨立行走之前，寶寶大概會有五個月匍匐前進以及用四肢爬行的時間，除非經歷過這個階段，否則提早走路將成為日後學習障礙的一個危險因子。

10 ～ 12 個月大的運動

　　練習引體向上時，寶寶可能會需要你的幫忙，以便抓住響棒（節奏棒）。握住寶寶的手，協助他把身體往上拉，如果他的肌肉鬆垮乏力，不妨「逗弄」一下手臂，刺激肌肉張力，而且不要立刻把寶寶拉起來。

　　請考慮提早讓寶寶接觸這方面的練習（搭配兒歌與唸謠），以增強手臂及腿部的肌肉張力。

引體向上

　　讓寶寶抓住響棒或拉環，練習引體向上，以便增強手肘的肌肉張力。正確的抓握法是拇指在下，整隻手握住物體。

遵從簡單的指令

　　直拍手、敲擊物體或搖手搖鈴都是很好的活動，而且可以跟著音樂打拍子，培養節奏感。

看我的厲害！

　　讓寶寶在抓住支撐物的情況下練習單腳運動。

你的寶寶正處於運用身體兩側做同一件事的雙側化發展期，在這個階段，他雖然已經可以預期自己的肢體動作，但還是不容易在正確的時間點放開手中的物品，所以請多給予鼓勵，不要強迫他做出放手這個新技巧。

跳舞

● 前庭系統、平衡感和視覺是相互依存的。
● 所有寶寶都喜愛這些活動──有韻律感、好玩,而且可以幫助發展!
● 到寶寶十個月大時,這些活動玩起來可能會有點費力。
● 跳舞可以提供極佳的視覺想像。

跳舞 ❶

上下左右搖晃。如果寶寶已經能轉頭,你可以把他抱在腰前,如果他的頭部控制能力還很弱,請維持先前的抱法,用手托住他的頭部與頸部。

❷
往左右兩側
和各個方向
轉圈。

❸
將寶寶舉高再
放下。

❹
重複這些活動,或者加入你自己的舞步,例如華爾滋。

● 如果寶寶體重太重、你身體不適或懷有身孕,請勿嘗試向上高舉的動作。
● 前庭刺激可以幫助肌肉張力的發展,也是所有粗動作技巧的重要元素。
● 肌肉張力(muscle tone)和肌力(muscle strength)不同,肌肉張力並沒有自主性,它是仰賴感覺運動訊號輸入的一種大腦功能,肌力則可以藉由燃燒脂肪的體適能訓練,自主性地獲得提升。

晃動、懸盪與搖擺

● 節奏對寶寶的語言、肢體發展和學習都很重要，甚至數學裡的排序也會運用到節奏的概念。

● 大部分的原始反射都可經由前庭刺激與按摩獲得抑制。

● 以下活動對寶寶正常、均衡的發展有很大的幫助。

騎馬車

讓寶寶面對面地坐在你平放的膝蓋上，摟住他的腰，然後一邊以兩膝交替的方式上下晃動寶寶，一邊唱這首傳統的英文歌謠：

This Is the Way the Ladies Ride

This is the way the ladies ride.（速度較慢）

This is the way the farmers ride.（快一點）

This is the way the gentlemen ride.（速度更快）

（可替代的中文童謠：「兩隻老虎」）

● 每個寶寶都應該有自己的小鞦韆。

● 前面所有跟翻滾、旋轉和搖擺相關的活動，並不光是為了好玩而已，這些動作還可以增進寶寶各方面的發展。

● 想想看當你的小寶貝在輕柔地擺盪或旋轉時，他的大腦會接收到多少訊息，連眼球的小肌肉都會開始運作！

小鞦韆

輕柔地擺盪或轉圈。一旦寶寶學會坐以後，這肯定會成為最受歡迎的活動。

前後搖

請你坐在地上，膝蓋稍微彎曲，然後讓寶寶躺在大腿上，腳掌抵著你的肚子。當你往後搖時，他會幾乎站在你的肚子上，當你往前搖時，他會坐在你的大腿上。

視覺想像訓練

視覺想像是一種可以把物體的外觀、觸感、氣息、味道，或者一連串動作、聲音記憶起來的能力。

視覺追蹤及聚焦

搜尋一顆球或者某樣玩具，同樣也要用到視覺聚焦的能力。請把玩具朝各個方向移來移去，當寶寶好奇地接近玩具時，他的左右眼就能學會在不同的距離下聚焦。

視覺想像：投物進洞

投物進洞不僅有趣，而且會令寶寶不由自主地去做，因為這是所有人天生必須具備的手眼協調能力，此外也能讓寶寶認識到：雖然物品不在視線範圍之內，但並沒有消失。東西到哪裡去了呢？

視覺記憶

在一張20公分見方的白色卡紙上，用黑筆寫一個字（如果是英文單字，請用小寫），最多準備七張字卡，每天在寶寶面前閃示四次。每天用一張新卡取代一張舊卡，並且讓孩子試著把字卡與圖卡配對在一起，不要問孩子卡片上寫的是什麼字，只要秀出每張卡，並且說出上面的字就行了。這個活動可以讓他在日後學習說話時，具備用大腦想像文字意象的能力。請將它變成一個好玩的遊戲！

（＊注意：圖片和文字不要呈現在同一張卡上。）

- 本階段的所有活動都能在寶寶四處移動時提供視覺刺激。
- 隨著遇到的狀況日益增加以及動作能力的提升，寶寶也會對視覺想像更加熟悉；視覺想像是由感官經驗發展出來的能力。
- 每個寶寶身處的環境條件都不同，有些寶寶對寵物很熟悉，有些住在鄉間、有些過著都市生活。大部分的寶寶都看得見，但還是有些寶寶看不見，必須仰賴其他感官接收訊息。

第三階段
會走路到 18 個月大

蹲立、跑步和改善動作技巧

這是寶寶的左右腦學會通力合作的兩側發展期。

以這個階段來說，**動作技能**是首要之務，其次才是語言發展。寶寶何時學會走路並不是重點，重點是他從俯臥、匍匐前進、四肢爬行（大約有五個月的時間）、扶行（當他學會站立）到獨立行走的過程之中所接收到的感覺運動刺激。

由於更懂得維持身體平衡，寶寶開始可以蹲立、跑步、改善自己的粗細動作技巧。

當寶寶可以靠自己走路時，請盡量多花時間陪他散步，一開始在平地上緩慢步行，接下來練習上下坡，最後嘗試跑步。你可以用遊戲的方式，看看寶寶每天能走多遠、又能走多快。

＊注意：請在危險處使用防走失繩。如果寶寶能在安全無虞的情況下自行走完這段路，就不要使用嬰兒車。

按摩、音樂與歌曲

- 此時寶寶正值「逃離期」，很難讓他安靜下來接受按摩，所以你可以趁換尿布、洗澡或者坐下來餵奶時進行按摩，記得要一邊按摩一邊跟他對話。
- 洗澡有鎮靜情緒的作用，也是進行全身按摩，幫助寶寶放鬆肌肉和韌帶的好時機。
- 嘗試用不同的物品協助按摩，記得要用質感粗糙且柔軟的毛巾。
- 按摩和運動都必須慢慢來，讓肌肉和韌帶接收到的訊息可以有時間傳達給大腦。
- 一邊活動寶寶的四肢，一邊哼唱有節奏感的歌曲。

跨中線運動──手臂

本運動應當緩慢進行。讓寶寶坐在你的大腿上，然後拉著他的手臂往上、下、內、外各個方向伸展，動作要確實，但不要勉強。接下來，讓他的手臂跨過中線，做出擁抱狀，首先左臂抱住右臂，然後右臂抱住左臂。重複進行幾次。

跨中線運動──腿部

將寶寶的一腿抬到鼻尖位置，然後放下來，再換另一腿。

重複進行幾次，然後輪流把兩腿抬高到耳朵或臉頰的位置。

這些都是可以按摩身體、發展身體覺知、為肌肉和韌帶帶來刺激的運動。
當你將寶寶的四肢往外或交叉移動時，記得要充分伸展，但不要有絲毫的勉強。請一邊唱歌，一邊跟著節拍做動作。

12 ～ 15 個月大的基本動作計畫能力

　　動作計畫是依照順序規劃一連串動作的能力，
以下的活動將會引導寶寶進入這個階段。

家庭遊樂場

　　請允許你的學步兒在某些家具上嬉戲，
記住，當他朝家具爬上爬下時，他也正透過
遊戲探索身體在空間中的移動方式。

跨越梯橋

　　請寶寶一邊把腳抬高，跨越平放在地上的梯
子橫檔，一邊用手抓住下一個橫檔。接著，利用
書本或小椅子把梯子墊高，重複進行相同的活動。
請適時增加困難度，因為這個活動相當重要。

過山洞

　　從梯子橫檔底下或椅子下方往前爬，必須靠
許多感官的互相配合；寶寶的空間覺知發展得很
快；請注意寶寶的手在落地時，手指是否張開。

　　寶寶需要具備動作計畫能力和環境經驗，才能知道何時該把腿抬起來，跨
（踏）到梯子的橫檔上、何時抓住（放開）橫檔，以及為何要用爬的才能
穿越椅子下方的空間，這些動作會在大腦內產生序列式的神經連結，等到
經過反覆練習之後，就會成為一種自動化的反應。

15～18 個月大的平衡感訓練

● 這是寶寶的動作發展期，雖然語言發展已經開始，但通常居於次要地位。
● 你說的話必須跟進行中的活動連結在一起，否則對寶寶來說那只是一串噪音而已。
● 幫助寶寶增強平衡感的方法，就是盡量多陪他走。一開始在平地上走，接著嘗試走不同質感的地面，例如：沙地或泥土地。

> 寶寶的眼睛和腳必須學會將相同的空間訊息傳遞給大腦，
> 否則平衡感會受到影響。
> 這個技巧必須經常練習，因為只有在一到兩歲這個階段，
> 可以在大腦裡形成這種連結。
> 由於寶寶必須光腳活動，因此請保持房間的溫暖，
> 別讓寶寶因為光腳而著涼。

斜坡

　　請讓你的學步兒有走斜坡的機會，剛開始他會用雙手刻意保持平衡，如果有必要的話，請從背後輕輕地扶住他（如果在爬坡，就托住他的兩脅部位）。隨著平衡感不斷增強，寶寶將能學會在玩耍時蹲立和快跑，**蹲立能幫助腿部、膝蓋和臀部肌肉張力的發展**，而這些肌肉張力通常得維持八十年甚至更久的時間！

倒著走、橫著走

　　這些動作都必須運用到平衡感還有身體及空間覺知，剛開始你可以提供協助，但接下來就要讓寶寶自己試試看；鼓勵他倒著走、橫著走或蹲著走，這對視覺調節很有幫助。

15 ～ 18 個月大的發展性活動

● 認真處理寶寶耳朵方面的任何不適。
● 飲食是誘發耳朵感染的主因之一，食物不耐症有可能引發耳痛。
● 耳朵感染可能影響語言發展，因為這會干擾聲音和文字的解讀。

前滾翻

　　請跪在半蹲的寶寶旁邊，左臂摟住他的腰，右手放在寶寶的頭上，把頭稍微壓低。

　　慢慢往前傾，讓他頭下腳上地翻過去，記住右手要一直扶住他的頭，以便提供保護。

　　先拿個布娃娃試試看！

降落傘反射

　　讓寶寶趴在一個大滾筒或大球上。

　　當球向前滾時，降落傘反射將會促使寶寶張開手臂。

　　注意寶寶的頭是否靠在球上，這樣當你往前滾球時，他才能跟著做翻跟斗的動作。

　　寶寶很快就會自己翻跟斗，所以請教導他正確的方法，頸部應該完全內彎。

　　當你協助寶寶翻跟斗時，請扶住他的頭和頸部，而且一定要在軟墊上進行。

15 ～ 18 個月大的上半身發展

一組安全的空中吊環對寶寶的未來是一種投資，把它裝設在家中，這樣就能隨時使用它，而不必擔心天候的問題。記得要在下方擺一張軟墊。

划小船

你跟寶寶面對面坐著，手牽著手，然後一邊唱「划船歌」（Row, Row, Row Your Boat），一邊輪流前後搖。當寶寶往後搖時，他的上半身應該挺直，往前搖時，手肘則要彎曲。最多五次即可。

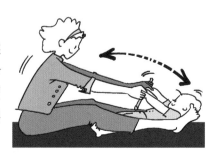

學猴子盪

讓寶寶抓住兩根吊環，像猴子一樣盪來盪去。如有必要，請抓住他的手，幫助他懸盪。

這個活動可以啟動擴胸及深呼吸的運作機制。

拋球

請孩子站著，伸直手臂把大球舉得高高的，然後丟給你。

拋球動作涉及了時間點（時間覺知）的掌握，而在這個階段，孩子通常都會太早鬆手；用手臂搖擺和懸盪身體，可以增強手肘的肌肉張力，進而強化頸部肌肉；肩膀、手肘及手部的肌肉張力不佳，可能導致日後書寫障礙的發生。

前庭刺激

研究發現，大腦神經迴路的生成，有一部分來自前庭刺激。當內耳的前庭系統經由肢體活動獲得刺激，就會對身體覺知、空間覺知、肌肉張力以及眼球肌肉的調節功能帶來正面的影響，而肌肉張力正是大部分發展與學習障礙的關鍵所在。

滾動平衡訓練

讓寶寶坐在長滾筒（或大球）上，微微向後搖，讓他做出前傾的平衡動作。

前後搖動滾筒，刺激寶寶的平衡反射。

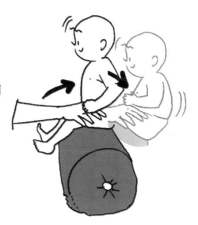

滑板樂

讓寶寶整個趴在滑板車（scooter board）上，兩腿打直，下巴抬起，請確定他的雙手抓住滑板車的兩側，不會被輪子壓到。

緩慢地推著他跑或轉圈。

雖然旋轉椅也能轉圈，但還是建議你買市售的滑板車，看起來雖然簡單，但卻比自製的滑板車適用，它們不是一般的滑板，絕對不可以踩上去玩或在缺乏大人監督的情況下使用。

翻滾與往後倒

前庭刺激活動對學步兒的聽覺、語言和視覺發展都很重要。

海灘球伸展操

讓寶寶躺在治療球或海灘球上，手臂直舉過頭。前後輕搖球體，讓寶寶的身體得到縱向伸展，然後往左右兩側搖。

後仰練習

抱住寶寶，讓他跨坐在你大腿上，兩腿夾住你的腰。

托住他的後腦勺、頸部和上背部，慢慢向前傾，讓他的上半身微微倒立，然後再返回原位。

這些活動都能刺激前庭系統，對身體覺知、空間覺知、肌肉張力及眼球肌肉的調校功能帶來正面的影響。

請尊重孩子的反應，如果他感到疼痛或害怕，就要立刻停下來檢查是否有耳朵感染，並且採取更為溫和的方式，例如讓他坐在椅子上練習。

降落傘反射會在寶寶倒立時出現，他的手臂會朝下張開，試圖保護頭部，這種反射是自動發生的，而且終生不會消失。

翻滾與搖擺

搖來擺去

　　讓寶寶躺在你的大腿上，抓著他的手，然後跟他一起前後搖。最好能搭配某首歌曲，比方一邊哼唱：「大家一起搖啊搖，搖啊搖，搖啊搖⋯⋯」

- 前庭刺激是聽覺發展的重要元素，而且有助於抑制任何殘留的原始反射。
- 傾聽對孩子培養日後學習所需的視覺想像技巧，有相當大的幫助。
- 不同文化的歌謠能夠為孩子帶來豐富的聽覺體驗。
- 學習外語有益於孩子的智能和大腦發展。

滾鉛筆

　　讓寶寶橫趴在你的大腿上，像鉛筆一樣把兩手直舉過頭，雙腿伸直。

　　請他沿著你的大腿往下滾（或者從你這裡的地板滾到另一個人那裡，或者沿斜坡滾下），然後俯臥在地上讓你按摩。

> 別擔心寶寶的手腳伸得不夠直，畢竟某些身體部位對他來說仍然有待摸索。

音樂、節奏與歌曲

　　早期的聽覺刺激是寶寶理解能力和語言發展的基本要素，要進行音樂活動，你唯一需要的就是你跟寶寶兩個人，還有你的聲音，你的寶寶不會在意你唱得好不好，所以儘管放手一試！你的愉快情緒將會感染給寶寶；態度是耳濡目染來的，不是教出來的。

兒歌與童謠

　　讓寶寶坐在你的膝蓋上，然後跟著兒歌或童謠的旋律搖擺晃動。

你可以一邊跺腳，一邊唱這首傳統的英文童謠：

Baa Baa Black Sheep

Baa baa, black sheep, have you any wool?

Yes sir, yes sir, three bags full.

One for the master and one for the dame,

And one for the little boy who lives down the lane.

（旋律同中文童謠：「兩隻老虎」）

你也可以自創童謠，然後一邊唸一邊輕拍寶寶。

- 節奏存在於所有姿勢中。
- 音樂也可以很好玩！就算拿鍋子敲敲打打也能培養節奏感，建議你用一些簡單的自製樂器與寶寶同樂。
- 音樂對嬰兒相當重要，因為聽覺經驗能擴展潛在的智能；如同食物可以滋養寶寶不斷成長的身體一樣，音樂的組成元素、旋律、音調與和聲也能滋養寶寶快速發展的大腦。

沙鈴

　　給寶寶一組沙鈴（或搖鈴、手搖鐘或小鼓），讓他跟著熟悉的兒歌或童謠打拍子，或者把一些字當成節奏唱出來，例如孩子的英文名字：「Da-vid」（兩拍）、「Tif-fa-ny」（三拍）或「John」（一拍）。

跳舞運動

處理音樂和數學的大腦迴路是相連的，因此，無論在哪個年齡層，這方面的刺激都非常重要；節奏感能幫助孩子發展數學排序概念以及動作計畫能力。

跳舞

跟寶寶一起隨著音樂的節拍行走，然後不時停下來做這些動作：

● 跳上跳下。
● 讓寶寶踩在你的腳上，然後一左一右地移動前進。
● 左右搖擺，讓身體重心從一腳移到另一腳（訓練單腳平衡）。
● 抱著孩子的腋下，然後懸空擺盪。本書在各個發展階段都有提及類似的活動。

蹲立有助於發展膝蓋的肌肉張力，加強走路、攀登、跨越障礙物、爬樓梯以及攀爬家具等物體的動作技巧。

在動作中穿插一些停頓，可以刺激孩子的節奏感。

如果你的孩子還不能獨立行走，請把他抱起來，勉強孩子學步對他的發展並沒有幫助，他需要按照自己的步調成長。

視覺訓練

　　球類和氣球遊戲所提供的重要功能之一，就是藉由著距離的變化，增進孩子的視覺追蹤和視覺調節能力。

拍氣球

- 把一顆氣球吊起來，然後向孩子示範如何輪流用左右手來回拍打它。
- 接著示範如何用蒼蠅拍打氣球。
- 讓孩子試著追上氣球。

滾球遊戲

　　跟孩子面對面坐著或跪著，然後來回滾動一顆 20 公分大小的球。

　　所有球類遊戲都需要兩眼隨著球體移動，因此會運用到視覺調節的能力，除此之外，它們也能幫助孩子發展動作技巧，學習在正確的時間點放開手中的物品。

降落傘遊戲

　　找塊柔軟的布料當降落傘。你可以跟孩子玩躲貓貓（高舉降落傘，把自己遮住），或者把氣球或玩具熊放在上面，一邊搖晃降落傘，一邊看它往上跑、往下溜。

- 學步兒會注意他們的地盤內所有的事物，而且看到什麼都想要！
- 他們是停不下來的機器，而且喜歡一直轉圈圈直到跌倒為止。
- 內耳的神經訊號會牽動眼球肌肉，因此對視覺發展有很大的影響。
- 學齡期兒童常見的視力問題常出在遠、近距離視力的調節失當。

視覺想像訓練

● 傾聽技巧有助於視覺想像的發展。
● 請選擇以孩子熟悉的動物或物品為主題的故事書。
● 肢體動作對視覺想像的發展極有幫助，當孩子動手做，
　他們就在透過視覺想像進行學習。

孩子熟悉的圖畫書

　　每天利用繪本或字卡與圖卡，讓孩子透過熟悉的圖片來培養視覺想像的技巧（注意：字和圖以分頁呈現為佳），請循序漸進地介紹新的單字，例如「大」、「小」等等。製作一本剪貼簿，把孩子最近到各地遊玩或者坐火車、逛街的照片貼上去，陪他一起閱讀，這對語言發展也很有幫助！

　　你的孩子無時無刻不在透過肢體動作培養視覺想像技巧，你只要看看他在跟著兒歌甩動搖鈴時，眼睛看著什麼就知道了。

大部分的成年人都透過視覺想像的技巧來閱讀，這是長期培養出來的能力，這種技巧會透過經驗的累積，在大腦裡形成神經連結。
視覺想像是嬰兒期動作計畫能力的基礎，同時也是行為組成的重要元素之一，我們都從因果中學習，而嬰幼兒尚未發展出這種能力。

第四階段
18 ～ 24 個月大

蹲立、跳躍、建立平衡感

很多學步兒在這個階段仍然處於一歲的雙側化發展期，也就是運用身體兩側做同一件事。我們的腦是由左右半球所組成的，左腦控制右側身體，右腦控制左側身體，這個時期的幼兒會運用身體兩側做同一件事，就像他們騎玩具車、畫手指畫的情形那樣；你會經常看到他們使用其中一手，或者兩手並用，端視目標物靠近身體的哪一側而定。

＊注意：慣用手通常到了兩歲半以後才會明顯發展出來，而且不應該強迫孩子改變。

到了雙側化發展期，孩子會反覆練習現有的動作和肌肉控制，讓它們變得更加純熟，也讓大腦的神經迴路運作得更有效率。**蹲立可以刺激肌肉張力**，準備好**迎接跳躍**這項新技巧——這可是兩歲幼兒的重大里程碑！空間覺知、四肢協調性與平衡感也都需要經過充分的練習，以便在大腦內形成神經迴路。

按摩

　　讓孩子趴在地上或你的大腿上，然後在他背上進行按摩遊戲。唱歌給他聽，如果他不願意配合，就停下來換另一種方式按摩。

按摩正面

　　利用輕拍和搓揉的方式，按摩孩子的頭、臉、胸、腹部、手臂和腿，每一節使用不同的按摩法。記得一邊按摩一邊唱誦童謠或兒歌。

按摩背面

　　讓孩子趴著，結合「天氣」的主題進行按摩：下小雨就用手指輕柔滑過，下大雨和打雷閃電，就採用其他不同的指法。

　　到了孩子二十個月大時，你可以把他擺成鱷爬式的姿勢（見下圖），然後分階段進行按摩：首先是他的腿，再來是他的手，最後是他的頭。

　　觸摸會帶來一種真實感，不只是身體覺知，就連我們對外界的瞭解都是以觸摸為基礎。
　　孩子需要大量的觸覺，以便長大成人後可以擁有穩定的情緒及人際關係。

配合運動或歌曲進行按摩

● 點頭、扭腰、彎腰、蹲立和跳躍不僅有趣，還能按摩大腦，
　刺激肢體節奏並增強動作的協調性。
● 請一邊按摩，一邊介紹每個身體部位。

> 到了二十個月大時，有些孩子已經可以隨意活動四肢，有些則還需要透過
> 一些活動加以輔助。
> 重複性的動作和歌曲，可以強化從大腦思考區通往運動區的神經通道，
> 進而將訊息傳達給負責活動肌肉的神經，產生極佳的肌肉及韌帶刺激。

玩水

　　孩子都愛玩水，而且不只是在洗澡的時候。
　　不妨為孩子準備一個活動式浴缸，還有各種噴水、
灑水和倒水的容器。

Hickory Dickory Dock

　　按摩可以搭配兒歌一起進行。請讓孩子坐在你的膝蓋上，手指像小老鼠
跑步那樣拂過孩子的身體，但不要呵癢，一邊上下抖動膝蓋，一邊唱：

Hickory, Dickory, Dock,（上下抖動膝蓋）
the mouse ran up the clock,（膝蓋拱起來）
the clock struck one,（輕搖一下）
the mouse ran down,（膝蓋放下來）
Hickory, Dickory, Dock.（上下抖動膝蓋）
（可替代的中文童謠：「小老鼠上燈台」）

> 還有很多搭配動作和遊戲的兒歌都能幫助刺激肌肉與韌帶，
> 請每天至少進行一次。

隨音樂舞動

● 將動作跟語言連結在一起，不僅能幫助孩子提升肢體的節奏感，也有助於思考與動作之間的連結。

● 你仍然需要透過以下活動幫助孩子。

> 這些活動可以藉由內在動作和外在音樂的結合，增進大腦和身體之間的協調性，也能提升孩子對速度、節奏和時間感的認知，發展肌肉張力、柔軟度和粗動作技巧。

連續運動

跟著音樂把兩臂舉高、放下，然後往外伸展、向內合併。這一系列動作將會在孩子日後接球或抓氣球時派上用場。

分解動作為：（1）預備——手舉起來（2）手臂打開（3）手臂合起來。

唱遊活動

請孩子站在你的對面，雙腳微微打開，然後跟著這首兒歌指向各個身體部位：

Head, Shoulders, Knees and Toes,

Head, shoulders, knees and toes,

Knees and toes, knees and toes,

Head, shoulders, knees and toes,

Eyes, ears, mouth and nose.

（中文童謠：「頭兒、肩膀、膝、腳、趾」）

請確定孩子知道各身體部位的位置，再繼續進行。速度要慢一點，以免孩子跟不上。

孩子很可能需要協助，請反覆練習幾次。視孩子的程度更換身體部位，也可搭配沙包或響棒進行唱遊。

動作童謠

　　所有文化都有自己的童謠和兒歌，以下介紹的是兩首耳熟能詳的英文童謠。把日常生活的瑣事編成簡短的童謠，反覆哼唱，你的孩子就能跟著你牙牙學語，等過了一段時日之後，你可以故意保留最後一個字，讓孩子接唱，或者至少發出相近的聲音。

Jack and Jill

Jack and Jill went up the hill　　　（讓孩子坐在你的膝蓋上，雙腿上下抖動）
To fetch a pail of water,　　　　　（孩子慢慢從你的膝蓋中間往下陷落）
Jack fell down and broke his crown,　（雙腿打直，讓孩子滾下去）
And Jill came tumbling after.　　　（可替代的中文童謠：「小毛驢」）

> 很多童謠 CD 都是為幼稚園的孩子製作的，對學步兒或甚至一些三歲大的孩子來說速度可能會太快，但童謠對大腦的發展還是相當重要，因此建議你先把歌謠學起來，再放慢速度唱給孩子聽。

Rocking All about Like A Boat on the Sea

Rocking all about
like a boat on the sea,
Rock, rock, rock, rock,
Rock along with me.
（可替代的中文童謠：
「捕魚歌」）

讓孩子在球、床、跳床或滾筒上來回滾動，也可以抱著他左右搖晃。

肌肉張力發展

- 當孩子愈來愈懂得控制自己的身體，就可以進行更多動作技巧的嘗試。
- 藉由輕聲說話吸引孩子的注意，以培養傾聽能力。
- 除非情況緊急，否則避免用大聲說話或吼叫的方式吸引孩子的注意。

> 肢體動作的探索是學步兒認識自己和外界的最佳方式之一，而且在這個過程中，新的神經迴路會在大腦內生成，所以務必給孩子一個充足且安全的自由活動空間。
>
> 在這個階段，手臂不應成為提供平衡感的主要來源。

懸吊

　　拿一對吊環讓孩子抓住，確定他的拇指扣在吊環下方，然後慢慢將他往上提；如果感覺孩子的抓握力道不夠，可以握住他的手。

攀爬

　　你的學步兒無論看到什麼都想爬上去，尤其是家具！

　　請注意孩子的抓握姿勢是否正確，拇指要扣在下方。

　　你可以引導孩子，但除非有必要，否則不要介入幫忙。

上半身發展

　　請提供孩子一組平放的小梯子（六條橫檔，每條相距 23 公分），或者一根可供懸盪的吊桿，甚至把浴室裡壞掉的毛巾桿拿出來廢物利用也行的！進行活動前記得要在下方放置軟墊。

吊單槓和倒立徒手行走都是很有趣的活動。

吊單槓：如果孩子比較重，可以拿一根掃帚把，兩端各由一位成年人負責
　　　　扛著（一手握住掃帚把，一手握住孩子的手）。

倒立徒手行走：這個活動可以強化手部、手臂、軀幹和腹部的肌肉，刺
　　　　激粗、細動作技巧的發展；請托高孩子的骨盆或者托住
　　　　小腿（如果他的兩腿能夠維持伸直的狀態），如果孩子
　　　　還沒發展出足夠的肌肉張力，他的身體就會撐不起來，
　　　　無法進行這項活動。

吊單槓

　　這個階段的孩子很喜歡在單槓上盪來盪去，請注意孩子抓握的方式是否正確（四指握住桿子，拇指扣在下方），如果他還無法靠自己抓緊吊桿，請幫忙握住他的手。把吊桿微微提起，時間長短視孩子的體力而定。

手推車

　　首先，像第 45 頁那樣，讓孩子撐起手臂在地上行走，然後換成走木板。

　　接下來，可以把木板再墊高一點。

動物扮演活動

- 在動作中穿插一些停頓，可以刺激節奏感，這對節拍的掌握以及語言和思考的組成都很重要。
- 動物歌謠能提供孩子一個自由舞動身體的絕佳機會。
- 這些活動能刺激平衡感，讓孩子面臨緊急狀況時有更靈敏的反應。此外，它們也能幫助孩子在扮演動物的過程中，發展視覺想像技巧。

狗或獅

　　請孩子選擇扮演某種動物，例如貓、狗、馬、老鼠或獅子。

　　讓他模仿動物的叫聲並且以不同的速度到處走動。

　　注意他的手在落地時是否平貼地面。

大象

　　（請孩子跟著童謠或兒歌做動作。）

An elephant goes like this and that,
He's terribly big and he's terribly fat.
He has no fingers, and he has no toes,
But goodness gracious, what a nose!

（可替代的中文童謠：「大象」）

　　這個年紀的學步兒會先學習用左右腦做同一件事，因為接下來，他們就要試著用左右兩側的肢體以及上下半身做不同的動作，例如騎腳踏車或者模仿一頭大象。

前庭活動：彎腰和旋轉

● 擁抱可以藉由內在動作和外在音樂的結合，來增進大腦和身體之間的協調性。

● 你的孩子現在已經可以慢慢掌握音樂的節奏感，請把動作放慢，但仍然要跟上拍子。

● 緩慢旋轉是很重要的一項活動，因為它能幫助抑制原始反射。

手腳抱抱

　　本活動可以透過跨中線運動促進大腦深層的發展。

　　請孩子站好，雙腳打開，手臂放在身體兩側，然後踏出左腳，彎下腰，兩手抱住左腳數四下。換腳重複相同的動作，整套動作進行五遍。

天旋地轉

　　抱著孩子坐在旋轉椅上，慢慢原地轉圈——左轉五圈，再右轉五圈，每圈維持三十秒。每次轉圈之前，請停下來觸摸五個身體部位，告訴他每個部位的位置。孩子會一直張著眼睛，因為他在這個年齡通常還無法自主地閉上眼睛。

　　所有運動都應該視孩子的狀況進行，如果他不喜歡做某項活動，有可能是它超過了他的能力範圍，或者造成他耳朵疼痛，尤其是在旋轉的時候。請試試看比較輕鬆的活動。

徒手行走、懸盪和旋轉

懸吊架是年紀較大的幼兒和學齡兒童不可或缺的遊戲設施，他們非常喜歡懸盪和旋轉。你可以購買市售的懸吊架，或者用粗尼龍繩和堅硬木條自行製作懸吊架，記得底下要擺放泡棉軟墊。

> 緩慢地從事運動可以為肌肉和韌帶帶來更多的神經刺激。
> 請把握這個黃金時機，為孩子的大腦提供多元的感覺刺激，以便進入感覺統合的重要階段。以下活動能提供極佳的前庭刺激。

手推車

托起孩子的骨盆，讓他以手在房間裡行走，如果他的臂力不足以支撐身體重量，請把你的手從骨盆往腰部移動，讓孩子的軀幹和腿保持在伸直狀態。

試著推著他穿越一條橫木或斜坡，最後來個翻跟斗！請確定他的頸部完全彎曲。

懸盪和旋轉

利用小鞦韆、吊床或毯子進行懸盪和旋轉活動，也可以讓孩子坐在旋轉椅上緩慢地轉圈。

平衡感

● 平衡感是原始反射得到適當抑制後自然產生的功能。
● 牽著孩子的手體驗平衡動作,將會為平衡感發展帶來反效果,
　因為是你在幫他保持平衡!

單腳踢球並保持平衡

　　請孩子一腳踏在地上,一腳踏在球上保持平衡,然後換腳進行。接下來可以請他試著用兩腳交替運球,或者把球踢出去。

爬樓梯

　　給孩子機會練習走幾步樓梯。

跳呼拉圈

　　到了二十二個月大時,有些孩子已經具備良好的跳躍能力,可以順利地跳進呼拉圈,或者跳過一條繩子。

　　平衡感是從重心不穩發展出來的,學步兒一開始可能會趴著上下樓梯,但隨著平衡感漸漸提升,他們將學會用兩腳共踩一階的方式前進;大部分的孩子要到後來才會發展出兩腳交替前進的步伐,而且通常不太能一邊說話一邊保持平衡。

更進階的平衡感

● 平衡感和肌肉張力必須透過肢體活動來發展。
● 肌肉張力和身體覺知是平衡感的要素，這樣身體兩側才能相互制衡。
● 前庭刺激的練習應該早於平衡感的練習。

大球遊戲

讓孩子趴在直徑 65 公分的治療球上，前後或左右搖動球體，接著讓他坐在球上進行相同的運動。

平衡板

準備一塊約 19 公分寬、180 公分長的板子（板子下方墊一根細圓棒），當成孩子行走的平台。請孩子張開手臂，將你的手輕輕托在他的腋下，以便在他失去平衡時立即提供支撐。當孩子向前走時，請他平視眼前的某個物體，不要低頭看腳。

站姿是早期原始及平衡反射經過好幾個月反覆演練後所形成的姿勢，這些反射都能幫助發展身體直立所需的肌肉張力、身體覺知、空間覺知、觸覺、視覺及聽覺技巧。平衡感與姿勢是肢體協調及日後動作發展的必要元素。

打擊樂團

時間和節奏是相互依存的。節奏是一種協調流暢的動作模式，如果缺少了它，就會產生節律障礙（dysrhythmia）的問題。速度、節奏和時間點都包含在所謂的時間覺知裡，患有節律障礙的孩子，會難以適應日常作息的改變。

節奏

跟孩子玩打擊樂的方式有很多，像米粒做的沙鈴、響棒（2.2 公分粗，23 公分長，末端塗有無毒顏料以刺激顏色覺知）、搖鈴、平底鍋、冰淇淋盒和木匙等自製樂器，都可以發出美妙的聲音！

請用快慢不等的速度和節拍演奏或哼唱曲子，偶爾也可以穿插一些小停頓。

響棒與響葫蘆

響棒和響葫蘆是很理想的打擊樂器，無論獨奏或合奏都一樣。請嘗試不同的玩法，例如舉高、放低或者觸碰身體的各個部位。

你可以把相同的打法複製到四、五根響棒上，每根棒子的顏色要有所區別。

也可以用不同的力道敲打不同顏色的棒子，變化出不同的音量。

邀請年齡較大的孩子一起加入，假裝大家在組一個打擊樂團！

在這個階段，請訓練你的孩子同時做兩件事。
敲擊、拍手、唱誦童謠或兒歌都能刺激前庭系統，加強孩子的肢體協調性。

動作計畫能力：跳舞

- 動作技巧是動作計畫能力的基礎。
- 跳舞有抒發情緒的作用。
- 組織性的韻律動作可以提升動作計畫能力和感覺刺激。
- 隨興起舞是很棒的選擇。

> 在這個階段，孩子的動作計畫和排序能力還沒有發展得很好，因此每支舞安排兩到三個動作即可。如果你給的指令太多，超過孩子能夠理解的範圍，他可能會因為記不住而只做最後一個動作。

舞步變化

圓圈舞：

手牽著手，順著圓圈跑八拍或走八拍，停，做個動作（例如蹲立或踩腳），每支舞不要超過三種動作。

朝圓圈中央走四步，然後退四步，正著走或倒著走皆可；大小步伐交錯可以增加挑戰性。

用漸快或漸慢的速度拍手或踩腳，共四次。

踮起腳尖，雙手盡量舉高。

在不牽手的情況下繞圈，停，原地踩腳，拍手或拍擊其他身體部位。

牽著舞伴的手繞圈，然後蹲下去再跳起來。

跟孩子一塊兒到處跑，或者把他抱起來盪一盪，如果他不會太重的話（這個年齡的孩子都喜歡原地轉圈）。

再跳一次圓圈舞。

這個活動可以帶來極佳的前庭刺激，但如果你有背部不適的問題，請勿嘗試抱起孩子。

感覺運動知覺訓練

感覺動作訓練有助於發展認知能力，因為在活動過程中，大腦會透過肢體動作理解所有接收進來的感官經驗。每個學步兒都是好奇寶寶，當他們到處走動，藉由觸覺、嗅覺、聽覺和味覺（有時候）探索周遭事物時，沒有什麼是安全的。

隨著早期動作技巧的提升，新生的神經連結也會開啟新的發展能力。

肌肉受到大腦主宰，而大腦的訊號要能夠清楚地傳達給肌肉，就必須仰賴良好的動作經驗。

> 「值得注意的是，閱讀、寫字、說話、姿勢等一切溝通技巧，都是以動作為基礎。」
>
> 認知運動計畫創始人傑克・卡本（Jack Capon）。

腦部
肌肉

視覺
聽覺
嗅覺
觸覺
味覺

> 環境條件良好的孩子通常可以毫無困難地從事這些活動，但如果父母受限於外在因素，或者對感覺運動知覺活動的重要性缺乏警覺，就會難以確定自己的孩子是否得到充足的感覺運動刺激。
>
> 學齡前是發展及提升入學準備能力（school readiness）的重要時期。

＊注意：寫字需要運用到精細動作技巧，而這種技巧直接取決於所有感覺功能（尤其是粗動作技巧）是否正常發展。

第四階段　　**18～24個月大**

沙包和氣球遊戲

● 沙包和氣球是發展肢體動作和時間覺知（速度、節奏、時間點）的極佳工具。

● 「我該在什麼時候放開沙包，好讓它落在我想要的地方？」本階段的孩子需要學習的就是如何放手以及何時放手。

● 請選擇紅色、藍色、綠色、黃色、黑色和白色的沙包，增加孩子的色彩經驗。

拋接氣球

請孩子用兩手抱住氣球然後往空中丟。你能接住它嗎？

試著由外往內併攏雙臂，把氣球接住。

傳接沙包

請孩子一手從高處放開沙包，用另外一隻手接，別忘了要說出沙包的顏色。

本活動的目的在於練習放開沙包，孩子能讓它墜落個幾公分嗎？

基本動作計畫能力、精細動作技巧和身體覺知，都可以藉由以上的活動得到刺激。要在正確的時間點丟下沙包並不容易，但只要透過反覆練習，讓強大的神經迴路在腦內生成，這個目標就可以實現。

球類遊戲

● 所有孩子都愛玩球，無論大球或小球。
● 把球滾出去然後跑去接是很好玩的事。
● 學步兒通常還沒辦法用蒼蠅拍拍球，就連拍氣球也不容易。
● 孩子有時可以靠擁抱的姿勢接住球。
● 你需要各種大小的球，最好是軟質的充氣球或泡棉球，硬球可能會造成傷害。
● 盡量多玩幾次！

滾球遊戲

跟孩子面對面坐著，請他用雙手把球滾給你或彈給你，重複進行數次，接下來請他用一隻手滾球，再換另一隻手。

球類動作計畫訓練

請孩子站好，把一顆網球大小的泡棉球丟出去（小球可以誘發單手的使用，端視球較靠近身體的哪一邊），鼓勵孩子用高舉的方式丟球，建議他先拿球觸碰自己的耳朵，然後再丟出去，任何一隻手都可以，兩手輪流進行。

球類遊戲對時間覺知的發展有極大的幫助，例如丟球就需要大腦在正確的時間點把訊號傳遞給相關的肌肉和韌帶，因此會運用到發展性動作技巧以及手眼協調。在這個階段，孩子通常會遇到困難，因為他們大多還沒有發展出慣用手以及跨中線的能力，所以左右手都可能用到，端視球較靠近身體的哪一側而定。

呼拉圈遊戲

● 呼拉圈在玩具店和百貨公司都有販售。
● 每節活動結束時都滾呼拉圈。

> 大部分兩歲以下的孩子只能記住一到兩個要求，如果你的孩子還不會跳躍，請不要勉強他。記住，無論你要求他多少次，他還是會忘記，因為他正在試著記住如何往上跳！你可以幫他的忙，或者讓他做比較容易的動作，每個孩子的發展狀況都不一樣！

概念發展活動

請孩子做以下練習：

1. 站在呼拉圈的中央，把呼拉圈舉高，然後放到地上。
2. 站起來，在呼拉圈裡到處走動，接著用一腳在內一腳在外的方式到處走動。
3. 在呼拉圈裡往前走，再倒著走。
4. 站在呼拉圈中央，身體像鐘擺一樣搖晃，把重心從一腳移到另一腳。
5. 站在呼拉圈外面，然後像螃蟹一樣橫著走進去，再走出來。
6. 每個活動重複三到四次。

彩帶遊戲

- 以下活動主要用於增進孩子的平衡感。
- 請準備六條 2 公尺長的彩帶（顏色分別為紅、藍、黃、綠、黑和白）或一根跳繩，孩子必須先學會顏色配對，才能說出正確的名稱。
- 每個活動重複五次。

走彩帶

在孩子面前把一、兩條彩帶擺在地上並拉直，然後請他做以下練習：

踩著彩帶前進，走到盡頭再轉身走回來；他可以先讓腳跟著地，再讓腳趾著地嗎？

左右腳分別踩在彩帶兩側向前走。

像螃蟹一樣沿著彩帶橫著走。

沿著彩帶以左右兩側交替的方式單腳跳（年齡比較大的孩子）。

爬彩帶

請孩子假裝自己是隻小狗，靠雙手和膝蓋沿著彩帶爬來爬去，然後假裝自己是一隻熊，左手跟左腳同時前進，右手跟右腳同時前進。

> 請適時給予協助、讚美和擁抱，記住，你的孩子可能才剛學會走路，所以重複練習對大腦迴路的刺激相當重要。
>
> 最後，請向孩子介紹彩帶的顏色，增強他的顏色覺知。

第四階段　18～24 個月大

視覺追蹤訓練

- 以下活動能增進學步兒視覺追蹤的能力。
- 感官刺激經驗是視覺發展的關鍵。
- 味覺仍然是視覺發展不可或缺的要素，請注意孩子多愛把東西往嘴巴裡送就可以知道！
- 所有的肢體活動都能刺激視覺發展。

視覺追蹤

所有的翻滾遊戲都能提供大量的視覺追蹤及手眼協調刺激。

把乒乓球放在呼拉圈裡轉動可以暫時抓住孩子的目光。

在地上滾球、紙團或硬紙捲，或者讓它們穿越某個物品，可以製造混亂的樂趣。

試著用單眼進行追蹤，然後用雙眼追蹤某個物體——頭部移動的幅度愈小愈好。

追蹤光束

在黑暗的房間裡跟孩子一起拿手電筒照天花板，請孩子跟著你的光束移動，然後換你跟著他的光束移動！

這個活動可以有很多玩法，比如請孩子照亮房間的物品，並且在頭部保持不動的情況下跟著光束移動視線。

> 許多人都缺乏良好的視覺感知能力——眼睛看得到，但不見得能理解，而這有可能導致閱讀及學習障礙。視覺感知能力的提升，必須仰賴各方面的感官刺激。

視覺想像訓練

- 視覺想像是一種可以把物體的外觀、觸感或者一連串動作、聲音記憶起來的能力，也是重要的學習工具。
- 此時孩子的塗鴉仍以上下線條和圓圈為主，左右手都可能使用；隨著身體覺知和視覺想像技巧的提升，筆觸也會變得更加純熟。
- 繪本會一下子成為孩子的最愛。

繪本與相簿

把照片或孩子熟悉的物品圖片收集起來，做成一本獨特的剪貼簿，聊聊裡面的內容，它會發出聲音嗎？請多讀繪本或短篇故事給孩子聽，反覆不斷讀他最愛聽的故事，不但可以培養親子關係，也能提升視覺想像及語言覺知能力。

模仿秀

角色扮演是本階段頗受歡迎的活動，它有助於視覺想像的發展，因此應該鼓勵孩子多多嘗試。孩子都愛玩裝扮遊戲、模仿寵物或家人、玩扮家家酒，或者假裝在開車或開火車，這些都是非常好的視覺想像活動。

能夠在腦海裡浮現書中某些句子的人都有很好的視覺想像能力。

成年人藉由視覺想像進行閱讀，而這是長期接觸讀物累積下來的結果。

視覺想像是從嬰兒期就開始發展的基本動作計畫技巧。

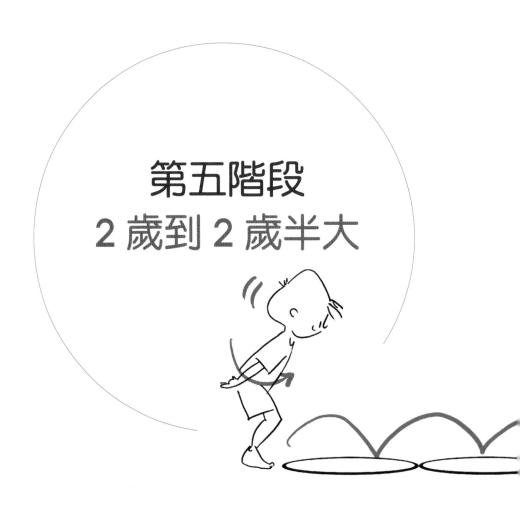

第五階段
2 歲到 2 歲半大

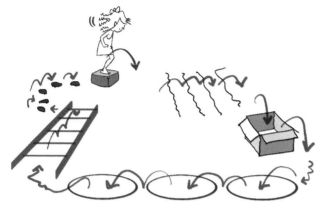

隨著身體及空間覺知的提升，本階段的姿勢和平衡感也逐漸純熟；感覺訊息在大腦內的統合會促使大腦更懂得微調自身的反應，動作計畫能力也會更上一層樓。

從本階段起，知覺能力的增強與功能側化也會逐漸明顯。

平衡感和動作協調對孩子的發展相當重要，如果你在這方面發現有異狀，一定要採取行動，因為任何微小的幫助都能預防日後許多障礙的發生。無論你的孩子在發展上有哪些問題，別忘了他還是有頭腦的，只不過需要適當的刺激而已，這就像你買了一部高檔電腦卻沒有安裝妥當，就會導致它運作得不順暢一樣。

這是個令人頭痛的行為發展期，別寵壞你的孩子，請務必堅守常規，飲食方面尤其如此。

在這個階段，孩子對因果關係會有更清楚的認識，兒童發展專家及美國「父母即老師」（Parents as Teachers）中心創辦人波頓‧懷特（Burton White）就告訴我們，嬰兒從五個月大左右就懂得操弄父母了！

鱷爬式按摩

- 把按摩跟鱷爬式結合起來的目的，是要讓孩子知道以後這個姿勢就代表按摩和唱歌──都是受他們喜愛的活動！
- 動作要盡量緩慢、流暢、有協調性──頭、手臂和腿全部一起轉動。

按摩時間

　　試著把孩子擺成圖中的鱷爬式（同側手腳交替擺動），然後按照先前的方式幫他按摩。

　　一邊按摩一邊告訴孩子哪邊是身體的「直邊」，哪邊是「彎邊」。

　　然後換邊重複進行。

同側手腳交替擺動，然後匍匐前進

　　協助孩子同手同腳上下擺動（鱷爬式），當孩子用同側手臂下划、彎腿、轉頭，同時看著眼前的大拇指時，動作一定要保持流暢。重複進行五次。

　　請盡量放慢速度，大約每分鐘變換兩次姿勢，以便讓大腦接收到最充分的感覺訊息；你可以跟孩子一起唱誦兒歌或童謠，數數也可以。

> 如果沒有安全上的顧慮，請讓孩子打赤腳，以便經由腳部接收感覺訊息；平衡感需要眼和腳的相互配合。
>
> 鱷爬式可以幫助確定原始反射不再會影響孩子的協調性；這個特定的活動可以促進身體覺知、動作計畫能力、肌肉張力、視覺及聽覺的發展。

沙地裡的天使

根據研究，受到充分刺激的大腦，其神經迴路會比刺激不足的大腦還要密集，感覺統合只是個開始，而且孩子此時正在理解左右兩側的概念。

沙地裡的天使

這是個老掉牙的活動，但對身體覺知、兩側覺知以及日後的異側手腳交替動作都很有幫助。

請孩子像鉛筆一樣筆直地躺在地板上，然後在你引導之下，跟著音樂節奏慢慢移動手臂和腿，往內、往外、往上、往下、左右交替或同時進行。

現在請他慢慢把單側手腳彎起來，注意上彎手臂的大拇指要移到跟眼睛同高之處，然後再往下移。接著換邊做相同的動作，總共重複五次。

最後，試著練習異側手腳交替擺動，例如請他把右手慢慢地沿著地面直舉過頭，同時把左腿往上彎。

> 本活動雖然可以搭配音樂，但最好還是單純放慢速度進行，以便大腦的神經迴路可以充分發展，請記住，每次只給一到兩個指令即可。
> 這些活動可以發展肌肉張力、身體及空間覺知、粗動作技巧、精細動作技巧以及動作概念。

身體覺知與前庭刺激

　　運動能刺激大腦神經迴路的生成，而那些迴路需要在孩子發展初期的這幾年不斷得到強化。

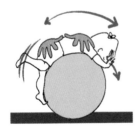

搖擺運動

　　前後滾動一顆直徑 21 公分的中型球，讓孩子趴在上面搖擺，可以提供極佳的前庭刺激。坐在球上彈跳，也是一項有趣的發展性活動。

- 把童謠跟運動結合在一起，就等於在提供記憶與節奏方面的訓練，因為孩子的學習方式就是強記硬背。
- 模仿動物（例如青蛙）是很好的視覺想像活動——請選擇孩子熟悉的動物。
- 學青蛙跳可以促進肌肉張力的發展。
- 孩子學青蛙跳時，請確定他的膝蓋彎起來；至於跳躍技巧還不純熟的孩子，可以先玩「小丑盒」的遊戲，這也是適合所有幼兒進行的前庭刺激活動。

1. 小丑盒

　　請孩子一邊聽你說，一邊做動作：

　　小丑安靜地躲在盒子裡（蹲下），直到有人打開蓋子，蹦！（跳起來）

2. 青蛙跳

　　一邊唸誦這首英文童謠，一邊讓孩子擺出青蛙蹲坐的姿勢（手掌觸地，手臂夾在兩腿中間），然後往上跳起來。

Mr. Frog jumped out of the pond one day
And found himself in the rain.
Said he, "I'll get wet, and I might catch a cold,"
so he jumped in the pond again.

（可替代的中文童謠：「小青蛙」）

翻滾與翻跟斗

　　前庭刺激應以兩分鐘為限，並且接著做個靜態的活動，因為此時末梢神經已經疲乏，對刺激無法再產生任何反應，這就很像輕搔你的手掌一樣，剛開始你會有舒服的感覺，但過了一會兒感覺就會消失。

　　你會需要一張軟墊或舊泡棉床墊來進行以下活動。

> 反覆的翻滾與翻跟斗可以提供大量的刺激，因為內耳的液體會反覆擾動末梢神經，讓它們把訊號傳給大腦，眼球肌肉也會跟著進行調整。

蛋捲遊戲

　　請孩子躺在小地毯的遠端，用地毯將他捲起（要確定他的頭有露出來），接著，抽拉被壓在底下的地毯，讓孩子朝外滾動，鬆開地毯。請孩子試著保持身體筆直，或者讓他高舉一顆球進行這個活動。

翻跟斗

　　請教導孩子用正確的方式翻跟斗，以免傷到頸部：

1. 蹲下
2. 屁股翹起來、頭部往內縮
3. 翻過去

請他在軟墊上連續翻五次。

懸盪與旋轉

● 耳朵感染是孩子拒絕進行前庭活動的常見原因。請注意孩子的眼睛在旋轉後的狀況，如果前庭系統發展不健全，他的眼球將不能來回運動，這是過動兒的典型現象。

● 旋轉應在緩慢、可控制的狀態下進行，可以刺激大腦的神經新生。快速旋轉能讓孩子開心，但只能偶爾當成遊戲玩。別忘了，末梢神經的刺激只能維持兩分鐘，所以請控制好旋轉的時間，才能有最佳的刺激效果。

跳箱子

請孩子站在一個小箱子上，膝蓋微彎，手臂後擺，接著手臂往前盪，跳進前方的呼拉圈裡。

跨越繩子

在兩張椅子中間掛一條繩子，請孩子跨過去或跳過去；剛開始先把繩子擺在地上，然後慢慢增加高度，直到離地 5 公分高為止。

旋轉

請孩子趴在輪胎鞦韆上，以三十秒一圈的速度緩慢旋轉，每轉完一圈停留五秒，請他碰觸並說出五個身體部位，然後往反方向旋轉，重複進行下去。也可以用滑板車、旋轉辦公椅等類似的設備取代輪胎鞦韆。

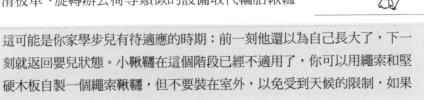

這可能是你家學步兒有待適應的時期：前一刻他還以為自己長大了，下一刻就返回嬰兒狀態。小鞦韆在這個階段已經不適用了，你可以用繩索和堅硬木板自製一個繩索鞦韆，但不要裝在室外，以免受到天候的限制，如果沒有別的選擇，你可以用滑板車代替。

平衡板與平衡木

　　如果孩子的平衡感不佳，請隨時給予支撐，但只要從後面輕輕托住兩肘就好，如果你一直牽著他的手，就等於是你在幫他保持平衡。

平衡板

　　平衡板應採用 1.2 公分厚的三夾板，或者 1.9 公分厚的松木板，長寬皆為 35 公分。

　　在板子中央下方墊一塊長寬 9 公分、3 ～ 4.5 公分厚的圓形或斜角木塊。

　　請孩子坐在平衡板中央以保持平衡（如果有需要請給予協助），然後教他用一手接住從另一手掉落的沙包，這能幫助他了解身體分為左右兩側，並且知道如何利用身體兩側保持平衡。

走平衡木

　　平衡木的尺寸：長 180 公分，寬 9 公分，厚 4.5 公分。

　　請孩子一邊往前走，一邊用右手把沙包丟進平衡木左邊的容器裡，接下來，仍舊走在平衡木上，但這次要用左手把沙包丟進右邊的容器裡；孩子應該打赤腳以增加平穩度。

　　平衡感和姿勢控制有直接關係，記住，平衡感是從重心不穩發展出來的，良好的姿勢控制必須透過大腦，從前庭系統、視覺系統、肌肉及韌帶那裡接收身體位置方面的訊息。

動作計畫能力：跳舞

　　當孩子玩遊戲或跳舞時，他也在發展動作計畫能力，如果沒有這種感官技巧來發展身體覺知、平衡感，並且統合大腦的神經訊息，很多日常動作如爬樓梯、穿衣服、分辨冷熱等都會發生問題。

　　所有孩子都喜愛重複，請使用節奏分明的音樂，讓他可以慢慢地學著記住舞步順序。

基本圓圈舞

　　剛開始先跳兩個動作，如果孩子做得來，再加入第三個動作，比方說：旋轉、前後來回跳躍、左右腳交替搖擺、跟舞伴一起拍手、旋轉。本活動的目的是利用節奏幫助孩子記憶各個動作順序。

排舞

　　跟孩子面對面站好，一起朝對方走四步，做個動作，然後再退四步，始終維持四拍子的節奏。

> 　　動作計畫剛開始需要刻意發生，但經過反覆練習之後，它就會成為一種本能。緩慢活動四肢需要仰賴動作計畫的控制，配合節奏運動會更有幫助。
> 　　以上活動都有抑制原始反射的重要功用。跳舞能讓孩子學習如何不碰撞他人，進而提升身體及空間覺知。

音樂、節奏與歌謠

● 節奏與音樂可以提升動作的協調性。
● 節奏對視覺想像和語言技巧的發展也很重要。

> 邊唱歌邊模仿動物是很有趣的活動,但別忘了保持節奏。
> 有些孩子會對噪音過度敏感,因此請把音樂調小聲一點;如同食物可以滋養身體一樣,音樂也能透過旋律、音調與和聲滋養大腦。

農場歌

I went to visit a farm one day
and saw a cow along the way,
and what do you think I heard her say?
Moo, moo, moo.
(可替代的中文童謠:「王老先生有塊地」)

Humpty Dumpty

Humpty Dumpty sat on a wall,
Humpty Dumpty had a great fall.
All the King's horses,
And all the King's men,
Couldn't put Humpty together again.

坐在地板上,讓孩子坐在你彎起的膝蓋上,然後把腿伸直,讓他往下滾,最後再對他呵癢。你也可以用其他兒歌代替。

響棒遊戲

- 響棒可以提供統合感覺神經元與運動神經元的肢體活動，它是兩歲以下的學步兒常用的打擊工具，很適合搭配倒扣的冰淇淋盒使用。
- 用響棒探索肢體動作，可以為孩子帶來自我肯定感。
- 跟沙包一樣，請將響棒標上不同顏色。

身體覺知

　　請孩子面對你站好，然後在你的指示之下，隨著音樂節奏用兩根棒子輕輕拍擊身體各個部位。

　　有時會有一根棒子跨越身體中線，有時會有兩根，這要看父母如何把節拍突顯出來。

響棒基本概念訓練

　　請孩子拿著兩根響棒，朝身體的上、下、前、後、左、右互相敲擊，順便提醒孩子哪裡是左邊，哪裡是右邊。

　　接著，請孩子彎腰，兩手拿著響棒各自敲打兩腳前方的地面，然後交叉敲打。

　　重複以上兩組動作，從兩手同時敲打改為兩手依序敲打。

> 以上的建議或許會有挑戰性，所以你可能要幫助孩子理解某些概念，例如高舉過頭、身體前方、膝蓋下方還有跟上拍子是什麼意思。
> 這些活動不僅能幫助孩子發展手眼協調、聆聽技巧及專注力，也能刺激視覺、聽覺、觸覺以及肌肉和韌帶的感覺，啟動大腦的神經相互連結。

沙包遊戲

這個階段的孩子可以用沙包做很多遊戲，例如踩在上面走、跳過去、丟向目標物（高拋及低拋）或者擺放在身體各部位等等。沙包也能用來訓練異側手腳交替動作：請孩子兩腿打開站好或坐好，右手拿沙包碰觸左腳，再換左手拿沙包碰觸右腳。你也可以隨時利用沙包跟孩子玩顏色配對活動。

每一次請重複以上任兩種遊戲二到五遍。

沙包平衡遊戲

看孩子能不能正著跳、倒著跳，或者橫著跳過沙包？

請孩子用膝蓋夾住沙包，然後往前走或往前跳，盡量不要讓沙包掉下來；接下來用手肘試試看。

請孩子用一腳托住沙包，看看他能踢多遠，接下來用另一腳試試看。

沙包基本概念訓練

請孩子坐下，把一枚沙包放在頭上，然後請他把頭往前傾，讓沙包掉在眼前的地板上，再把頭往後仰，讓它掉到背後，最後再把頭往前傾，用手接住沙包。站起來再重複做一遍。

> 沙包遊戲可以提升身體覺知、平衡感、顏色認知與手眼協調能力，可以說用途多多！

球類遊戲

　　球是幫助大腦神經增強連結的極佳工具，它可以引導孩子發展更進階的動作技巧，例如拋與接。剛開始孩子會用擁抱的方式接球（張開兩臂，然後像「關上大門」那樣把兩臂併攏，以接住龐大的球體），但過了一陣子之後，他們就能學會用手接球。

球的平衡感及基本概念訓練

　　請孩子背對著球站好，球在他的前面還是後面？

　　現在請他轉身面對著球，他可以一腳踩在球上兩分鐘，然後再換另一腳嗎？

　　請他用單腳輕輕把球踢出去，然後再換另一腳。

玩球可以幫助孩子發展概念、平衡感、視覺調整、身體及空間覺知，
由於此時孩子的左右腦已經更能密切地合作，因此他們開始會嘗試
單手拋球和接球──雖然多半還是用最靠近球的那隻手！
他們的手眼協調會透過反覆進行各種活動而得到提升。
除了感覺統合能力日益進步，他們的慣用手也會開始成形。

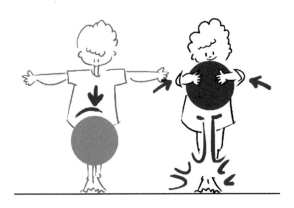

蹦蹦球

　　請孩子站好，看他能不能讓球彈到地上？你可以教他張開手臂（打開大門），然後在球反彈回來時把手臂併攏（關上大門），重複練習幾遍。

呼拉圈遊戲

呼拉圈是促進孩子動作發展的理想媒介。

請重複以下活動二到五遍。

動作計畫練習

把呼拉圈排成不同的花樣,然後請孩子用跳、踩、跳、踩的方式通過,如果他還無法跳得很好,用踩的就可以了。

進階玩法(譯註:類似跳房子):準備五個呼拉圈,前三個排成一行,後兩個左右並排,請孩子跳過三個呼拉圈之後,兩腳各跳進一個呼拉圈中,接著跳出去,轉身,然後再跳回來。

滾呼拉圈

請孩子站在遠處,然後把呼拉圈滾過去給他,讓他把呼拉圈滾回來給你。活動開始前,請先向孩子示範如何用掌心推動呼拉圈的上端使之滾動。

別忘了,孩子在這個年齡通常只能應付一到兩個指令,如果他看起來有點笨拙,並不是因為他做不來,而是他有太多指令必須記到腦子裡,如果發生這種狀況,請退而求其次,換一個較容易的指令來進行。

請你務必對孩子的動作計畫能力抱持包容的態度,只要透過重複練習,孩子大腦內的神經迴路就能慢慢建立起來。

彩帶與繩子遊戲

- 這類遊戲可以提早強化呼拉圈的練習動作。
- 如同沙包和響棒一樣，彩帶最好也具備紅、藍、綠、黃、黑和白六種顏色。
- 繩子可以用來玩拔河（刺激肌肉張力）或者當成動物的尾巴！
- 每個觸覺都有助於孩子大腦迴路的發展。
- 繩重複每個活動二到五遍。！

彩帶的基本概念訓練

請孩子做以下動作：

1. 把紅色彩帶拉直，擺在自己前方、後方、再放在你的前方、後方。
2. 用繩子圍成一個圓圈，站進圓圈裡面，然後再跨出來外面。
3. 將綠色彩帶以蛇形的方式在身體前方和後方甩動，接著在你的前方和後方甩動。

4. 請孩子從懸空的繩子底下爬過去，接著再試著從上面跳過去（正著跳和倒著跳）。
5. 把繩子的一端繞在你的腰際，另一端讓坐在滑板車上的孩子抓住，然後當馬拉著他跑；接下來換孩子拉著你跑。
6. 用沙包和彩帶玩顏色配對遊戲。

＊注意：繩子一定要在大人監督的情況下才能使用，而且不用時要收好。

這些活動不但能增進顏色覺知、手眼協調及柔軟度，也能提供孩子一個發揮創意的機會，比方說用繩子把盒子綁在一起，變成一列火車。

視覺訓練

　　每個動作都跟視覺有關，當你叫孩子注視某樣東西，你就在幫助他增進視覺處理的能力。

　　進行視覺追蹤活動時，用眼時間絕對不能超過一分鐘。

　　孩子清醒時，他的眼睛會無意識地偵測周遭事物長達數小時之久。

　　孩子都愛看閃爍的光，因為這能刺激視覺發展，在過去，只有火堆能夠提供這種經驗，但現在很多閃閃發光的玩具也具有同樣的效果。

遠點視覺追蹤

　　坐在孩子的對面，保持一個手臂的距離，然後跟他玩「追蹤玩具」的遊戲：拿起孩子最心愛的玩具，把它藏在身後——玩具不見了！突然間，玩具又以轉圈、前後來回或上下交叉的方式跳了出來。

　　孩子能抓到它嗎？

近點視覺追蹤

　　把孩子最喜愛的玩具或一顆球，吊掛在跟他相隔一個手臂的距離並且與眼睛同高的地方，請孩子看著它，輪流用左右手觸擊。

　　請在一旁用手拍出緩慢的節奏。

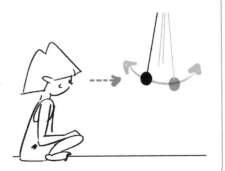

視覺想像訓練

　　這是孩子模仿家中大人的階段。雖然他們還畫不出任何足以辨識的圖案，但隨著視覺想像和動作技巧的提升，他們的繪圖能力、字卡與圖卡的視覺記憶也會有所進步。

視覺記憶

　　每天向孩子詢問你前一天做的某件事，也許是坐火車或坐車兜風，也許是造訪一間農場並看到幾隻雞。

　　問你的孩子：「你看到什麼？」

　　如有必要請給予提示，並且別忘了稱讚他幫助你「恢復記憶」。

> 孩子無法將從沒看過的事物視覺化，視覺想像是思考運作的表現，也需要處理大腦從不同感官（觸覺、嗅覺、味覺、聽覺、視覺）接收到的訊息以及情緒反應。各年齡層的孩子都喜歡扮演印象中的仙女或動物，並且自由舞動，這是他們透過假裝（視覺想像）發揮創意的時期。

出遊記錄

　　收集孩子到博物館、美術館、公園、動物園、海灘等其他景點出遊的照片或者相關物品，製作成一本剪貼簿。請把圖片或物品貼在一頁，文字寫在對側那一頁（每個字要高3公分，因為大型字比小型字容易閱讀），這樣孩子就能一邊瀏覽，一邊在腦海中回想出遊的情景。

1. 圖片和文字請勿呈現在同一頁。
2. 很快地讀出每個字（不要用拼音的方式）。

SMART START

第六階段
2 歲半到 3 歲半大

幼兒左右腦統合，精細動作突飛猛進

　　拜大腦快速發展之賜，這是令人興奮的左右腦統合及側化發展階段，許多孩子都在此時從學步兒升格為幼兒，這也是他們意識到他人的存在，並且對過往事物產生記憶的時期。

　　此時孩子的視覺已經接近成熟，他們在空間中的移動也更加流暢、更有自信。在這個感覺統合時期，大腦會接收所有來自眼、耳、鼻、舌、皮膚、肌肉和關節的訊息，運用它們來理解周遭的一切事物（也就是所謂的知覺），此外，由於具備充分的感覺訊息，左右腦也會同時運作，讓身體兩側能夠獨立活動（也就是所謂的側化），在這個階段，身體覺知是包含左右兩側的。

　　孩子現在可以用兩隻腳執行不同的動作，手臂也是如此，這能讓他們可以一上一下踩著三輪車前進，同時用兩手執行不同動作。不僅如此，孩子的精細動作技巧也開始突飛猛進，兩隻手能做不同的事情，例如剪東西時，可以一手抓住紙，另一手拿著剪刀剪。

　　如果此時大腦功能尚未發展完成，兩隻手將會試著做同一件事。

> ＊注意：本階段重點不在於孩子能否勝任這些工作，而在於他們進行的強度、頻率和持續時間。

121

鱷爬式按摩

　　播放輕柔、放鬆、有韻律感的音樂，或者唱誦耳熟能詳的童謠或兒歌，都可以增進孩子的記憶及語言發展——強記硬背是極為重要的學習方法；所有動作都必須緩慢進行，以便感覺訊息可以充分地傳達到腦部。

＊注意：強度、頻率和持續時間是感覺刺激最大化的三個關鍵。

同側手腳交替擺動，然後匍匐前進

　　首先讓孩子以同手同腳的姿勢上下擺動幾次，在原地按摩身體，然後引導他一邊把彎曲側的手掌平貼在地上，一邊把該側腳趾往下壓，開始蹬腳前進，一次進行一邊。
注意另一邊的肢體有沒有出現多餘的動作——尤其是腳。
請孩子翻過身來用仰臥的姿勢，以緩慢的速度重複進行鱷爬式擺動。
平滑表面可以增加執行的容易度。

> 匍匐前進是很重要的動作，因為孩子需要繼續增強肌肉張力，而且它對大腦的感覺發展也有極大幫助；以仰臥的姿勢重複該動作，則能協助確認原始反射是否獲得抑制。

異側手腳交替擺動，然後往前爬

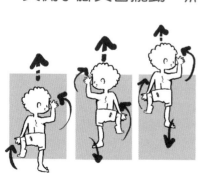

　　動作跟前述的鱷爬式相同，只是改用另一隻腳，因此呈現的是異側手腳彎曲的情形。孩子伸直側的手臂應該擺在臀部旁邊，頭部朝向彎曲側的手臂，然後兩側交替上下擺動。

　　等到頭、手臂和腳都能順暢地同時擺動，就請孩子翻過身來，以仰臥的姿勢在原地進行相同練習，如果沒有任何問題，就可以請孩子嘗試用異側手腳交替擺動的方式向前爬行。

狗爬式

當孩子能用四肢爬行，就表示他們進入了原始反射與感覺刺激獲得統合的進階動作階段；放慢速度、動作精確、流暢度、重複性和節奏感，都是協助孩子前爬與後爬時必須掌握的幾個大原則。

往前爬

孩子需要雙手雙膝著地，兩手與肩膀同寬。

爬行時，他應該同時抬起左手與右膝，讓右膝落在右手後方，然後換右手與左膝做相同的動作。當他抬起膝蓋時，腳趾應該在後方拖著走，掌心則朝向地面，而且四指朝前，拇指與四指分開。

等到動作更為熟練以後，請孩子一邊爬行，一邊把頭轉向往前伸出的那隻手。

如果想增加阻力，可以跪在地上抓住孩子的腳踝，不讓他的腳離開地面。

- 對孩子下達「開始」指令，可以幫助他掌握先機，展開行動。
- 阻力具有刺激肌肉張力和感覺系統的功用。
- 爬行是訓練背誦能力的理想時機，例如背誦星期名稱或甚至一首無意義的短童詩，這能促使孩子一邊動作一邊思考（拼字必備的技巧之一），並且把記憶迴路烙印在大腦裡。

往後爬

雙手打直，頂住孩子的臀部，然後請他一邊往後爬，一邊推擠你的手。請孩子抬頭注視某個目標物，保持四肢爬行的姿勢，以抵消早期的原始反射。

手指覺知

　　手指技巧對各行各業都很重要；我們指尖的末梢神經極為敏感，所有運用到肩膀、手臂和手部的活動，都能強化手指的靈活度。

● 研究發現，經驗會影響兒童肢體動作的水準及特性。
● 從現在開始，孩子做運動時要更注重細節及正確性，並且維持適當的強度、頻率和持續時間，以確定大腦的神經迴路得到足夠的強化。每個大人都曉得，習慣一旦養成，就很難改變。
● 由於身體覺知增加，大部分的孩子在四歲前都能畫出完整的人形。

手指發展

　　進行任何需要用手著地的活動時，請確定孩子的掌心平放在地面上，而且四指朝前，拇指與四指分開；當孩子爬梯子時，也要確定四指完全握住橫檔，拇指扣在下方。

手指畫

　　手指畫可以讓肩膀、手臂和手指得到充分發展，孩子或許會弄得髒兮兮的，但這個活動對手指發展很有益，也很有趣！

　　除了選購無毒的手指畫顏料，你還需要準備一大張濕的牛皮紙、一張桌子和一件圍兜，讓你家的學齡前兒童可以盡情地跨越身體中線任意塗鴉。

彈跳運動

● 孩子可以在跳床、舊彈簧床墊甚至地上進行彈跳運動。

● 若要停止彈跳，請孩子彎曲膝蓋，雙手往前平伸出去。

● 千萬不能讓兩個以上的孩子同時玩跳床（大型跳床也一樣），
除非他們的手互相牽著。

● 使用跳床時要注意安全。

彈跳

先在地板上練習一下，包括停止動作。

彈跳是一連串的小跳躍，很多孩子無法每次只彈一下，必須彈很多次才能跳上去，你可以在孩子進行地板練習時矯正這個問題——有時需要大量的練習。

請孩子彈跳五次後停下來，然後給予不同的彈跳次數，中間穿插停止動作。

如果孩子做得很好，請連續下達兩到三個指令。

彈跳加轉身

請孩子由後往前快速揮動右手，身體同時左轉四分之一圈，重複進行直到轉完一圈為止。

接著改用左手輔助身體向右轉。

如有必要，可在孩子右手背上貼個貼紙，以作為提醒。

運動指令有助於孩子的概念發展。彈跳屬於前庭刺激，因此要適可而止。
每個孩子的成長速度不盡相同，請根據孩子的能力給予指令，以獲取最大成效。

身體覺知及概念

　　身體覺知及概念仍是本階段生理和心理發展的重點。身體部位、相對位置、側化發展和方向感，都是孩子會在整個童年期逐漸具備的概念。孩子必須先對自己的身體具備正確的認識以及正面的印象，才能跟周遭環境產生有意義且令人滿意的互動。

身體覺知及概念修正

　　請孩子以緩慢的速度，運用前面介紹過的所有概念進行肢體活動，例如高舉雙手、放下雙手、把手擺在身體的前面、後面或側面、像鐘擺一樣地左右移動、前後搖擺、單腳跳、雙腳跳、跑步、轉圈等等。

　　請幫助孩子熟悉新的動作技能如跨中線、雙腳跳、單腳站立、單腳跳（一部分孩子）以及常見的概念用語。兩側覺知現在才開始形成，但只要重複練習，就可以逐漸得到強化。

身體覺知遊戲

　　請孩子聽你的指令碰觸不同的身體部位，他能閉著眼睛做嗎？別忘了運用左右兩側的動作，幫助孩子練習跨越身體中線（例如用右手碰左肩膀）。這個階段的孩子還在學習分辨左右邊，因此你可能需要在他的身體某側貼一張貼紙作為提醒。

　　請孩子用某個身體部位碰觸另一個身體部位，例如用手碰肩膀，或者用手碰腳趾。

　　請他用身體部位碰觸房間的擺設物，例如用耳朵碰牆壁、用右手碰門。

旋轉與擺盪

這些活動都可以成為孩子每日遊戲的一部分,請為孩子排定一個每日運動計畫,內容包括三到五分鐘的肢體運動、兩分鐘的前庭運動以及按摩,然後再重複一次。這些活動最好選在早晨進行。

＊**注意**:精益求精,永不停歇!

滑板旋轉

一邊緩慢旋轉,一邊唱:

Look at me, I'm spinning, spinning, spinning,
Look at me, I'm spinning, round and round I go.

騰空旋轉

每個孩子都愛盪來盪去,因此建議你在家中裝設一組可供孩子懸盪和旋轉的吊桿。

你可以在孩子前方掛一枚氣球,讓他一邊擺盪,一邊把腳抬高踢球。

- 這些前庭活動應該成為孩子運動計畫的一部分,請每天選擇一個進行,並且搭配其他跟平衡感、按摩和鱷爬式相關的運動。
- 前庭活動對所有孩子都很重要,唯一差別在於孩子的年齡及動作技巧。
- 請利用上下、左右、前後各個面向的前庭活動,刺激孩子的內耳液體,只要讓孩子坐在滑板、旋轉椅或光滑地板上朝不同方向旋轉,就可以達到目的。

動物平衡姿勢

　　平衡感是感覺統合及側化發展的基本要素，學動物走路不但有趣，而且可以帶來極佳的平衡刺激。這個年齡的孩子都喜歡模仿動物，因此請盡量陪孩子閱讀動物繪本，並且趁機介紹各種動物，也可以帶他們去動物園玩。

動物來了

　　請孩子在你數到五或十之前，擺出某個動物的姿勢，例如：

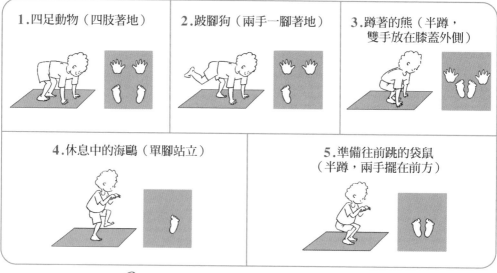

1. 四足動物（四肢著地）
2. 跛腳狗（兩手一腳著地）
3. 蹲著的熊（半蹲，雙手放在膝蓋外側）
4. 休息中的海鷗（單腳站立）
5. 準備往前跳的袋鼠（半蹲，兩手擺在前方）

上下樓梯

　　請孩子往上走幾步樓梯，再走下來。

● 你可能需要示範給孩子看，因為口語指令可能會太過複雜。
● 平衡感是重要的動作技巧，而且必須在身體往某側傾斜之前發生。

平衡板

● 功能側化必須以感覺統合（以便身體能順暢移動）作為前提，而且完全取決於平衡感與姿勢的發展狀況。

● 大部分的玩具店或體育用品店都有販售平衡板，你也可以自己動手做。

> 別忘了，平衡感是從重心不穩發展出來的，身體會交替彎曲四肢，
> 直到左右兩側達到平衡為止。
> 平衡感能提升左右兩側的覺知感，幫助孩子發展側化功能。

平衡感練習

請孩子如同圖中的姿勢坐在平衡板中央。

1. 兩手擺在身體兩側，從左邊傾斜到右邊，共做十次。
2. 兩手交叉置於胸前，從一邊傾斜到另一邊，共做十次。

平衡感遊戲

等孩子具備平衡感之後，看看他能不能一邊站在平衡板上，一邊輪流用單手接住輕軟的中型球或者觸擊一枚氣球。

3 歲孩子的側化發展

● 側化發展需要以良好的平衡感為基礎。

● 進行側化活動之前，必須先做一、兩個平衡刺激練習。

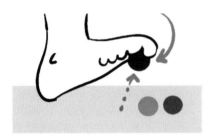

腳夾彈珠

　　這是個可由一人或多人進行的有趣遊戲，請孩子靠慣用的那隻腳一次夾起一顆彈珠，然後放到分界線的另一邊，看看他能夾起多少顆？每隻腳有一分鐘的時間。

跳床遊戲

　　這個活動可以利用在跳床上左轉或右轉，強化幼兒早期的彈跳技巧。大部分的三歲孩子現在已經有自己的慣用側，因此應該都會朝習慣的方向旋轉，你現在可以下達三到四個連續指令，例如：「跳六下，停，往你習慣的方向旋轉，停，再跳六下。」但要孩子做得到才行。

　　（使用跳床時請注意安全）

これ些活動對側化發展都很有幫助，也能加強孩子對左右兩側的認識。

連續指令需要不斷練習才能記住，請鼓勵你的孩子不要灰心，

一定要達成目標，因為「成功是成功之母」！

手腳交替動作

● 左腳搭配右手、右腳搭配左手接續前進,是標準的立姿手腳交替動作,
  也是正常的走路、跑步、拋擲等其他類似活動的共同動作。

● 每天陪孩子散步,並且逐週增加距離,請確定他是以手腳交替的方式行
  進,同時計算他走完特定一段距離要花多少時間。

爬行練習

　　狗爬式:孩子需要雙手雙膝著地,兩手與肩膀同寬。爬行時,他應該
同時抬起左手與右膝,讓右膝落在右手後方,然後換右手與左膝做相同的動
作。當他抬起膝蓋時,腳趾應該在後方拖著走,掌心則朝向
地面,而且四指朝前,拇指與四指分開。等到動作更
為熟練以後,請孩子一邊爬行,一邊把頭轉向往
前伸出的那隻手。

> 這些活動有助於視覺想像及記憶訓練,例如孩子可以在爬行或做其他動作
> 時,唱誦兒歌及童謠、數數、背誦星期名稱、月份或九九乘法表等。
> 手腳交替動作必須以感覺統合作為先決條件,而感覺統合是指左右腦
> 把所有接收到的感覺訊息整合起來的過程。

其他有助於發展的手腳交替活動

走路
跑步
交互抬膝
兩手輪流擊物
交互碰腳

大步行進
拋擲
玩保齡球
匍匐爬行

音樂、節奏與跳舞

學會在別人前面、後面或旁邊排隊並且輪流上場，是孩子從事團體遊戲或舞蹈時必須具備的重要觀念。這是孩子的自主意識開始萌芽的年齡，因此也是學習分享的時機。

請運用輕柔、有流動感的音樂或海浪聲，陪孩子跳一場海邊之舞。

太空漫步（或學魚游泳）

請孩子想像自己是個漫步在外太空的太空人，或一條在大海裡游泳的魚，然後隨興地跳舞，請選擇能重複搭配舞蹈的配樂。在這個階段，孩子已經可以應付四拍子的舞蹈，例如往側邊踏四步，跟舞伴轉兩圈，然後再踏四步回到原點，重複跳四次。

> 坊間就找得到幼兒舞蹈的書可以參考。
> 隨音樂跳舞可以建立節奏感、手眼協調和動作計畫能力等重要技巧，而且能提供一個多元化的聲音資料庫——對語言發展及日後的學習都很重要。

簡易舞蹈

這支舞的標準動作包括：圍著圓圈跳、往圓圈中央前進並後退、往左或往右踏步，請視需要提供協助。在這個階段，孩子對「哈吉波奇」（The Hokey Pokey）這類仰賴兩側覺知，跟兩側手腳動作相關的歌謠，會比以前更容易理解，而且像「繞圈圈」（Ring-A-Ring-A-Rosie）這種簡單的動作謠，也能幫助孩子建立輪流等待的觀念，並且學習跳一連串的舞步。

響棒訓練

　　響棒很容易操作，並且可以為手眼協調及肌力發展帶來實質的幫助，雖然它們從更小的階段就適合使用，但多半只是拿來當成鼓棒而已，現在孩子超過兩歲了，應該可以嘗試其他方面的練習。

手眼反應

　　請孩子以四指上覆、拇指下扣的方式，兩手直立握住響棒；請他用手指頭捻動其中一根響棒，然後再捻動另一根響棒，現在他可以兩手同時捻動響棒嗎？

　　把一根響棒放在地上，先用一手轉動它，再換另一手。

　　假裝其中一根響棒是鐵錘，另一根是釘子，用鐵錘響棒敲打釘子響棒，然後換手進行，你可以請孩子張開眼睛練習，然後再閉上眼睛試試看！

- 這些活動可有效發展手眼協調能力與節奏感，對感官功能的運作尤其是視覺、聽覺、觸覺、肌肉及韌帶覺知，特別有幫助。
- 響棒可以確保一系列肢體動作的順利發展，也能增強節奏感——此為提升動作協調能力的必要條件之一。

聆聽技巧

　　用手腳拍出一小段肢體節奏，然後讓孩子模仿，試試看兩種以上的拍擊模式。

　　請根據孩子的能力調整難度，以增加成就感。

沙包訓練

這些活動不僅能幫助孩子跨越身體中線，刺激視覺追蹤、側化發展、平衡感與身體覺知，而且很好玩！請跟孩子一同享受充滿歡笑的快樂時光！

- 這些活動將會運用到孩子的粗、細動作技巧，因此能提升身體與空間覺知、平衡感、側化發展以及視覺想像能力。
- 周邊視覺（peripheral vision）是指目標物四周的視野，視覺追蹤欠佳的孩子，通常可以藉由注視拋球者而非球體本身，提高接球的成功率；請鼓勵他們在注視目標物時放鬆眼睛。

畫8字形

請孩子按照8字形的路線，來回在兩膝（先繞右膝再繞左膝）之間傳遞一個紅色沙包，然後再換方向練習（先繞左膝再繞右膝）。

周邊視覺練習

請孩子把沙包夾在兩腿中間，然後一邊單腳站立，一邊注視房間裡的某個固定物體。

他能在視線不離開物體的情況下拋接沙包，或者在接住沙包時，看著夥伴而非沙包本身嗎？

球的訓練

　　孩子現在可以接觸各種尺寸大小的球。在本階段，指導孩子控球不僅能促進手指覺知、視覺及手腳交替動作的正常發展，也能強化他的身體覺知，讓他學會利用四肢為大腦帶來更多感官訊息，為將來更複雜的動作做好準備。

手指控球遊戲

　　看看孩子能不能拿著一顆球，把它擺到頭的前方、後方、頭頂，或者用手指把球放到另一邊的手腕上，他可以用三根手指、兩根手指、甚至一根手指穩住那顆球嗎？他能用十根手指轉動那顆球嗎？

> 身體意象（body image）是孩子建立自我概念及發展動作協調能力的重要元素。
>
> 玩球可以強化對時間的感知。
>
> 打保齡球需要用到手腳交替動作，因此可以刺激左右腦的運作機制，讓它們互相合作，增進平衡感及動作協調能力。

保齡球

　　站在孩子對面，請他彎曲膝蓋，踏出左腳、甩出右手，以手腳交替的方式打保齡球，接下來請他改用踏出右腳、甩出右手的方式擲球。

呼拉圈訓練

呼拉圈可以讓孩子透過轉圈、拋接、雙腳跳、單腳跳、用身體各部位把玩等各種新技巧,獲得肢體方面的體驗。

呼拉圈與動作計畫能力

請孩子用左腳站立在呼拉圈中央,然後換右腳,數到五為止;接著請他雙腳站立,彎下腰並拿起呼拉圈,把它上提到腰部、頸部和頭頂,然後鬆開雙手,讓它垂直落下。

雙腳併攏向後跳出,再向前跳進去,重複五遍,最後在呼拉圈中央坐下。

長距離跳躍

請孩子以一腳在內、一腳在外的方式沿著呼拉圈的邊緣向前跳。然後讓他從呼拉圈的中央向外跳,跳得愈遠愈好,雙腳著地(站著不動),接著請他跳回呼拉圈,並且站著不動。請孩子蹲下,一邊由後往前擺盪手臂,一邊跳出呼拉圈。

跟坐著看電視機的孩子相比,經常爬上爬下、玩呼拉圈、騎三輪車、玩平衡板、在地毯上翻跟斗或在床上彈跳的孩子發展情況會比較好。

彩帶與繩子訓練

● 跟前面一樣，請用不同顏色的彩帶和繩子。
● 你的孩子已經會說各種顏色名稱了嗎？如果還不確定，
　可以先玩顏色配對遊戲。
● 每個活動重複進行五次。

> 跳越物體有賴肌肉的大量收縮，這能進一步刺激腦部的生長。
> 動作發展事關重大，因此不容許有半點疏忽。

跳越繩橋

　　把繩子綁在兩張椅子中間，保持適當的離地高度，然後請孩子沿著繩子向前跳（雙腳分別跨立在繩子兩側），並且盡量避免碰到繩子。他能倒著跳或邊走邊跳嗎？

踮腳走路及跨跳

　　請孩子踮起腳尖，沿著彩帶來回行走，並且張開雙臂保持平衡。接著，請他沿著彩帶從一端跳到另一端，最後轉身跳回來。試著雙腳分跨彩帶或繩子兩側，然後進行跳躍，他能倒著跳嗎？

視覺刺激

● 在擊球時注視球體周圍景物，可以促進周邊視覺的發展。
● 請準備一條 2 公尺長、0.4 公分粗的繩子、一顆泡棉球、
　 一個 7 公分長的吊鉤。

懸球練習

　　各自用兩分鐘的時間進行下列活動：
1. 請孩子站著，在頭部保持不動的情況下，隨著懸掛的泡棉球往前、往後、往左、往右移動視線。
2. 抬起一腳並揮出同側手臂擊球，兩側輪流進行，頭部保持不動。
3. 頭部保持不動，一邊擊球，一邊說出周邊視覺範圍內的物品名稱。
4. 如果孩子已經滿三歲，可以請他在擊球時，說出他用的是左手或右手，並且抬起對側的腳。
5. 把球降到膝蓋位置，然後請孩子分別用兩膝輪流擊球。

爬行與平衡練習

　　請孩子擺出四肢爬行的姿勢，然後分別往前後方向伸長右手和左腳，請他在你數到五的過程中，用右手指向某個物體，並且保持周邊視覺的開放（視野寬廣），然後換邊進行，重複練習五分鐘。

　　如果孩子無法在運用周邊視覺時，保持平衡感，可以請他站起來指著某樣東西，然後一邊注視它，一邊告訴你他還可以看到其他哪些物品。

> 保持周邊視覺會是個挑戰，以上活動可以幫助孩子在注視物體的同時，藉由察覺周遭環境及保持平衡感，練習控制視覺。

視覺想像訓練

學齡前的兒童多半都靠右腦運作，並且透過全字的辨認來學習。看字讀音屬於左腦的活動，通常要到六、七歲才會發展成熟，但這只是普遍現象，永遠都會有例外！請用不同筆劃的單字進行認字遊戲。

字圖配對

將字卡與圖卡正面朝下擺在桌上（盡可能取材自他們的剪貼簿），然後玩配對遊戲。本活動主要是讓孩子練習記住字卡與圖卡的位置，這是很常見的配對遊戲。

少了什麼？

向孩子展示三到五樣小玩具，然後在他遮住眼睛時，拿走其中一樣，再請他張開眼睛，說出哪樣東西不見了。另一種玩法是把物品放進袋子裡，請他用手找出玩具車等指定玩具，或者你也可以用毯子蓋住玩具，然後為孩子戴上眼罩，拿走其中一樣玩具，再請他告訴你什麼東西不見了。一開始請先放三樣玩具，再逐漸增加困難度。

● 視覺想像是學習的關鍵。孩子藉由學習記住單字，但如果該單字無法成為視覺記憶的一部分，它就會被遺忘，必須再看一次。
● 本階段的重點不在於字音，而是字形。由三個字組成的簡單句型現在可以放進字卡中，但是字卡數量請勿超過七張——每天用一張新卡取代舊卡。你也可以用舊卡進行配對（或相似字）遊戲。

親子共讀

用手指著字，逐行逐句地念故事書給孩子聽，也可以請孩子找出一張他在書裡看過的圖片。

第七階段
3 歲半到 4 歲半

本階段是孩子多年來藉由感覺運動知覺建立大腦迴路的巔峰期，同時也是感覺統合經驗的追趕期與鞏固期。

合作遊戲（co-operative play）現在很容易被孩子接受，因為這些三歲幼兒的身體及空間覺知已經獲得提升，他們變得很有自信，也愈來愈想脫離父母的保護——看看他們有多愛橫衝直撞就知道了！

學前兒童很樂於從事團體遊戲，並且會開始結交好朋友，他們的基本動作技巧已經達到合理的水準，也能夠明瞭排隊的意義。幾個月前對他們來說還很困難的動作，現在已經變得很容易。

孩子在這個年紀，**很喜歡模仿周遭環境裡的人物及動物**，這是個不斷嘗試並且充滿樂趣的時期。

按摩與匍匐前進

● 試試不同類型的按摩法。
● 唱唸童謠，並且在結尾時做出異側手腳交替擺動的動作，很快地，你的孩子就能學會多首童謠，並且跟著你一起唸。
強記硬背現在會變得更為容易。

按摩與翻滾

　　首先讓孩子趴在地上匍匐前進（如圖所示）並且按摩他的背，然後請他擺出筆直的姿勢，讓你來回翻滾五次，最後停在仰臥姿勢上（依舊保持筆直）。按摩他的正面，然後請他慢慢交替擺動兩側手腳（躺著做），他必須彎起其中一隻手臂，頭轉向同側，看著拇指慢慢上移到鼻子的位置。接著，請孩子慢慢伸直彎曲的手臂和腿，換邊進行相同動作，最後筆直地翻回仰臥的姿勢，匍匐前進。重複練習五次。

> 匍匐爬行雖然吃力，但這些感覺刺激對腦部的發展卻有巨大的影響。

匍匐爬行

　　請孩子匍匐爬行，動作要盡量緩慢、流暢，地板務必保持平滑（塑膠地板的效果就很好）。一旦孩子抵達地墊的那一端，就拉著他的腳往後拖，故意搗他的蛋。

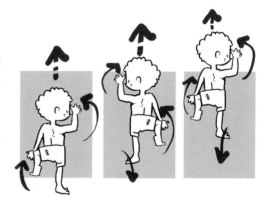

沙地裡的天使

● 以下活動的指令可以隨孩子的年齡做調整,例如改變每個活動進行的次數,或者指引孩子個別或同時移動同側/異側的四肢。

● 以下活動可以鼓勵孩子不靠視覺進行肢體活動,並且刺激序列記憶及視覺想像能力。

身體部位

請孩子依指令活動各個身體部位,包括個別、交替或同時活動四肢,例如:「抬高右腳、放下右腳」或「用左手握住右手肘」等等;每個動作都要緩慢重複三次,並且維持五秒鐘的時間。

手腳交替動作

1. 右臂與左腳同時往外伸,然後收回。
2. 左臂與右腳同時往外伸,然後收回。
3. 右腳與左臂同時伸直抬起。
4. 左手搭到右肩上,並且彎起右膝。
5. 右手搭到左肩上,並且彎起左膝。
　　所有動作緩慢重複三次。

身體意象對自我概念及動作協調的發展相當重要,孩子需要知道自己是個有肉體的人,而這種身體覺知需要不斷增強,以便達到最高的發展狀態。

平衡感

- 平衡感活動應出現於前庭活動之後，而兩者皆應安排在感覺統合及側化活動之前。
- 現在練習滑三輪滑板車，然後在四歲半時練習滑二輪滑板車，可以讓孩子在五歲大時，不用輔助輪就能學會騎兩輪腳踏車。

> 平衡感控制對姿勢控制而言是很重要的，這些系統的訓練是在前庭通道的發展和成熟過程中逐漸進行的。平衡感來自一個人對自身在空間中位置的知識。在八歲以後仍會把字母、數字跟拼字反轉的孩子，通常平衡感的發展也不成熟。
> ——莎莉‧高達，《平衡的孩子》（Sally Goddard, *The Well-balanced Child*）

三輪滑板車

先讓孩子滑著三輪滑板車溜下緩坡，然後換成在兩個人之間來回滑、在屋子裡滑，最後繞著圈子滑。滑的時候孩子應該一腳踩在滑板車上，一腳蹬地前進。

單腳蹬跳

鼓勵孩子單腳跳，然後練習兩腳交互蹬跳。單腳跳不但可以增進平衡感、肌肉張力及動作協調能力，而且能刺激腦神經的整合。單腳跳和接續進行的交互蹬跳都是相當重要的發展性活動。

平衡練習

請孩子：
1. 用兩手和兩腳保持平衡。
2. 用右手和左腳保持平衡。
3. 靠右腳站立。

滑板車

滑板車活動可以刺激前庭系統、平衡感、肌肉張力、身體與空間覺知以及時間點的掌握。

跨中線練習

請孩子坐在滑板上，兩手抓著一根響棒當作撐竿，以一左一右的方式推動滑板前進。由於直線前進需要交替使用兩側的肢體，因此本活動可以幫助孩子跨越身體中線。你的孩子可以推著滑板在屋內到處移動，或者緩慢地在原地打轉，然後換方向進行嗎？

溜滑板

趴在滑板上，雙腿打直，五指平貼在地。
用手推動滑板，在障礙物之間移動，然後試試看原地轉圈；
先張開眼睛練習，再閉上眼睛。所有活動都應該緩慢地進行。
學齡兒童和有活動力的幼兒都適合練習這個活動。

- 鼓勵孩子把頭抬起來，雙腿盡量打直。
- 滑板車適合各年齡層的孩子進行旋轉練習。
- 滑板一定要在大人監督下才能使用。
- 絕對不准孩子站在滑板上，而且用畢時一定要翻過來放好。

彈跳運動

● 請參閱第 125 頁的安全注意事項。
● 不一定要使用跳床，地板或其他彈性表面都行。
● 若要停止彈跳，請孩子彎曲膝蓋，雙手往前平伸出去。

跳床序列練習

以下序列動作請各重複六次。
1. 跳五下，停，跳七下，停，跳四下，停。
2. 跳四下，停，跳八下，停，跳五下，停。
請依照孩子的程度自行設計指令。

手臂運動

以下活動請重複五次。

每彈跳一次，就做個手臂或腳的動作（每次只彈一下就好，孩子很容易會彈兩下）。

1. 右臂往前伸出、收回、高舉、放下，
   然後用左臂重複相同動作，停。
2. 兩臂高舉、放下，停。
3. 手臂動作同上，輪流抬起兩腳，停。
4. 右臂與左腳往前伸出並收回，停；
   左臂與右腳往前伸出並收回，停。
5. 四肢張開、收回（星形跳躍）。
6. 一腳往前一腳往後，輪流彈跳。

跨中線練習

1. 左手碰右耳，收回，停。
2. 右手碰左耳，收回，停。
   用其他身體部位進行類似的連續動作。

以上活動對前庭及平衡感的發展都有幫助，而且可以增進序列記憶的能力。

側化

　　孩子需要藉由動作，感覺他們的身體分為左右兩側，這樣才能保持平衡。這種感知左右兩側的內在知覺，可以從平衡姿勢當中獲得發展與刺激，它也是側化發展的必要元素。

　　慣用手、慣用眼和慣用腳都是從側化發展出來的，因此側化發展不完全的孩子通常沒有慣用側，而且仍然處於三歲孩子的模仿期，也就是說，如果他們坐在慣用右手的小朋友面前，他們會用左手模仿對方的動作。

　　這些孩子應該接受發展障礙方面的檢查。

平衡板

　　請孩子站在平衡板上，張開雙臂，一邊往左右或前後方向移動兩腳重心，一邊保持平衡，每隻腳各維持五秒。接下來，試著一邊保持平衡，一邊接住一顆中型球或沙包。

跨中線練習

　　請孩子站在平衡板上，保持平衡，左手指向右邊某個距離30公分遠的物體，並且把頭轉過去，接著換邊進行。

跳舞

隨音樂起舞對時間覺知（節奏、時間、速度）、身體及空間覺知、聽覺及視覺想像經驗都有極大的幫助。

> 坊間有許多兒童律動 CD，請確認孩子可以聽從你或 CD 的指令做動作；純音樂較能讓你清楚下達指令。

跳舞時間

選一片簡單的兒童律動 CD，給予三到四個不同的動作指令。適合的歌曲包括：「頭兒肩膀膝腳趾」（Head, Shoulders, Knees and Toes）、「跳到我親愛的路身邊」（Skip to My Lou）、「繞著桑樹叢走」（Here We Go Round The Mulberry Bush）和「盧比盧」（Looby Lou）。

請孩子隨著音樂手腳交替大步走，或者往前、往後單腳跳或雙腳跳；給予序列式的指令，例如坐下、起立、停止、開始、拍手，或者跟著拍子踏五下。

更多舞蹈

請孩子單獨或跟舞伴一同站在房間中央，跟著音樂做出一連串的動作。

I Hear Thunder	（旋律同「兩隻老虎」）
I hear thunder, I hear thunder,	踏八下
Hark, don't you?	單腳站立，兩手碰耳朵
Hark, don't you?	換腳，兩手碰耳朵
Pitter patter raindrops,	兩腳交互踮腳，
Pitter patter raindrops,	輕踏十二下
I'm wet through, I'm wet through.	原地跳起並甩手，六下

你可以改變動作和順序，例如換成大步走，或者用單腳跳取代雙腳跳。

3 歲孩子的響棒遊戲

響棒或拉米棒（譯註：lummi stick，一種源自拉米印地安人的木製短棒）
是多用途的打擊用具，許多樂器行都有販售。

打節拍

　　請孩子坐著或站著，跟著音樂互
敲手中的響棒，先向右敲，再向左敲。
請孩子互相敲打響棒有顏色的一端，
然後反過來敲打另一端。抬起一腳，
把響棒移到膝蓋下方敲打，再換另一
隻腳（此動作需要孩子單腳站立）。
你可以偶爾變化一下節奏。

有節奏感的肢體活動

　　很多三歲大的孩子仍然無法同時思考及
行動，隨著節拍走路會是個很好的開始：請
先讓孩子踩出節奏，然後由快變慢，如果孩
子做得很好，請他一邊跟著音樂大步前進，
一邊敲打響棒，先向右敲，再向左敲，或者
先向上敲、再向下敲等等。

節奏有助於聲音模組的形成；說話、聽從指令和拼字，
全都需要同時思考和做動作。
如果孩子還不太會分左右邊，可以在他的右手貼個貼紙。
響棒適合各個年齡層的孩子使用，它可以增進手眼協調能力、
一般動作協調能力及側化發展。

4 歲孩子的響棒遊戲

響棒能提供各式各樣的動作技巧練習，從簡單的動作到難度較高的節奏感、協調性、敏捷性與平衡感都包括在內。

分辨音節

請孩子坐著或站著，跟著音樂互敲手中的響棒，先向右敲，再向左敲。請孩子互相敲打響棒有顏色的一端，然後反過來敲打另一端。抬起一腳，把響棒移到膝蓋下方敲打，再換另一腳（此動作需要孩子單腳站立）。你可以偶爾變化一下節奏。

兩 － 隻 － 老 － 虎

在中文裡，每個字都是一個音節，而音節其實就是節奏序列（rhythmic sequences）；響棒活動能幫助孩子學會聆聽節奏（音節），你不妨請他用響棒幫自己的名字分出音節；以上活動都需要同時思考和做動作。
為了讓孩子持續獲得刺激，一旦他熟悉某個拍子，就把舊有的做法翻新。請使用幼兒園的歌曲，這樣孩子或許還可以學單字。這是很棒的記憶訓練，孩子練習的次數愈多，大腦的神經連結就會愈緊密！

傳遞響棒

把響棒從一手傳遞到另一手，重複八次，環繞身體兩次，在背後換手，然後環繞大腿，最後在地上敲八下。這個活動可以找個同伴一起練習。

沙包遊戲

這些活動可以刺激身體覺知、手腳交替動作、概念發展、敏捷性、遠近視線調整這些重要的感覺訊息輸入區域。

手腳交替投擲練習

請孩子站好，以他的慣用手拿沙包，然後投進對面的盆子裡。投擲方法是將拿沙包的那隻手向後擺，同時踏出另一側的腳。孩子應該要能流暢地做出投擲動作，這種時間點的掌握，是玩跳房子等遊戲時必備的技巧之一。

手腳交替行走練習

準備十二枚彩色沙包（紅色沙包兩枚、黃色沙包兩枚……依此類推），然後左右成對地將它們排成直線，請孩子用左腳踩右邊的沙包，用右腳踩左邊的沙包，依序前進。

其他活動

把沙包擺在地上，請孩子用單腳跳或雙腳跳的方式往前、往後跳越沙包，或者站在上面，或者以踮腳、爬行或跳躍的方式繞著沙包前進。

- 別忘了說出顏色名稱。
- 沙包的投擲必須仰賴時間覺知（速度、時間點和節奏）。
- 感官知覺活動可以強化大腦的統合能力，如果缺少這種能力，動作技巧就無法提升。

球類遊戲

- 球的遊戲可以增進手眼協調和語言技巧的發展,而語言又跟肢體活動緊密相關。
- 一開始玩中型的球,然後再改玩小球。

> 請選用柔軟的中型泡棉球或充氣球;小球需要更快的視覺追蹤及時間點掌握能力,因此通常較不容易接住。
>
> 進行活動時,應以孩子能成功投擲為目標。練習可以刺激腦神經的新生。

過肩拋球

請孩子握住一顆網球大小的泡棉球,先拿球觸碰耳朵,然後以左右手腳交替以及手臂彎曲再伸直的姿勢,把球丟給你。

手指控球練習

請孩子先用雙手的五根指頭抓住球,然後減為四根,接著往前、往後旋轉球體,再各用三根指頭和兩根指頭做練習。試著用相同的方式操控地上的球、繞行併攏的雙腿(在背後換手),最後以 8 字形的方式在兩腿之間傳球。

呼拉圈遊戲

● 在這個年齡，孩子大腦的活躍程度將會是你的兩倍。
● 以下活動皆需用到一連串的呼拉圈動作及控制技巧。

滾呼拉圈

　　請孩子滾呼拉圈，他有辦法順利滾動嗎？接著，抓住直立的呼拉圈，往前、往後跳越它，最後請孩子放手，讓呼拉圈掉到地面，跳進去然後坐下來。

　　這是個五步驟的動作，如果最後一個步驟超過他的能力範圍，就省略不做。

　　呼拉圈可以透過視覺、觸覺、肢體動覺和聽覺的刺激，加強感官的運作能力，它對孩子的自信及自我意識的培養也很有助益。在判斷距離及速度的同時，掌握拋接的時間點，有時候並不容易辦到，因此孩子或許需要多次練習才能成功；重複是幫助大腦熟悉這些技巧的不二法門。

旋轉與拋擲

　　請孩子在地上旋轉呼拉圈，然後在落地前跳進去，再跳出來。

　　將呼拉圈拋到空中，然後在落地前接住它。

繩子遊戲

- 繩子現在可以取代彩帶。
- 孩子的手眼必須協調,大腦才能解讀訊息。

甩繩

　　請孩子用一隻手在身體前方、後方和頭頂上方甩繞繩子,然後換手進行相同的練習。他必須掌握好時間點和節奏。

反覆跳躍能幫助孩子發展時間覺知(節奏、時間點和速度),繩子遊戲則可以在發展基本技巧的同時,增進身心的協調及靈活性。
從胎兒期開始,孩子的身體就已經為更複雜的跳繩技巧打好基礎,跳繩需要手、眼、腳和身體肌肉取得協調。

跳繩

　　請孩子站在繩子後方,用雙手抓住其中一端,然後在繩子不動的情況下往前、往後跳越繩子,接著,請他用右腳跳越繩子,然後用左腳跳回來,現在請他雙手各抓住繩子的一端,一邊來回低甩,一邊往前、往後跳越它。

視覺訓練

● 本階段由於大腦更加統合，因此視覺技巧會大幅提升。
● 躺著進行的眼睛運動是比較簡單的，因為地心引力比較小；為了達到充分練習的效果，眼睛運動一定要以立姿的方式進行。
● 以下活動需要孩子在頭部不動的情況下，注視前方的物體。
● 繼續練習先前的視覺追蹤活動。

視線調整

把某樣東西擺在孩子面前，慢慢向他靠近，直到距離鼻尖 5 公分處，然後往後退，如果孩子看到疊影就停下來。接著，請他拿著那樣東西慢慢靠近自己，直到距離眼睛 5 公分為止。

踢擊吊球

把吊球降到孩子的腳部位置，然後請他一邊用兩腳輪流踢球，一邊喊「左」或「右」。另一側的手臂必須往前擺動，才能保持平衡（異側手腳交替動作）。

＊注意：最好讓孩子在入學前接受一次專業的視力檢查。

視覺訓練最多不能超過一分鐘。

如果孩子拍擊吊球的技巧仍不熟練，就把粗動作技巧加到手眼協調的活動裡。

想想這些技巧會在孩子的腦部得到多大的發展，尤其是近點視覺（對閱讀相當重要）。眼睛和身體必須互相配合，才能保持平衡。

強調手眼視覺的爬行練習

請孩子一邊學狗爬，一邊向左、向右轉動頭部，注視伸出去的那隻手。

視覺想像訓練

孩子在這個充滿幻想的年齡都愛玩假扮遊戲,他們會由內(動作)而外將經驗視覺化。孩子早期的識字能力甚至成年後的閱讀及拼寫能力,都要透過視覺想像才能達成。

裝扮及扮演

這是本階段的孩子最愛從事的活動,他們會從父母平常讀的故事書及出遊經驗中擷取靈感。請提供箱子讓他們可以張貼文字、布置娃娃屋,或者玩扮家家酒。

畫畫

隨著身體知覺的增加,孩子多半能畫出人體輪廓。他們的圖案或許會有點抽象,但大人通常可以猜得出來。

圖文配對遊戲

記得把出遊的照片留下來,然後以一頁照片搭配一頁文字的方式做成剪貼簿,你可以陪孩子玩圖文配對或文字配對遊戲,盡量問問題,鼓勵孩子回憶出遊時的情景。

很多父母已經開始每天進行四次字卡或圖卡的閃示練習
(每個字應寫在 20 公分見方的白色卡上,方便孩子辨識)。
請每天更換閃示卡,並且用舊卡玩配對遊戲。無論用何種方式閃示卡片,視覺想像都會產生。孩子在很小的階段就可以把經常路過的超市招牌記起來了。

SMART START

第八階段
4 歲半到 5 歲半大

本階段活動的目的，在於確認孩子已經具備所有入學需要的學習技巧。

這些包括運動技巧、感官、知覺、排序技巧及精細動作技巧，同樣值得注意的是，父母必須確認所有的原始反射都已獲得抑制，姿勢反射也運作正常，因為原始反射的殘留將會導致讀寫及其他學習能力出現障礙。

基本入學準備能力（school readiness）需要肌肉的配合，光是站著不動，就要靠兩百條拮抗肌收縮和伸直才能辦得到，至於跳繩活動，也需要手、眼、腳和身體肌肉取得協調──肌肉控制的精準度是很令人吃驚的。

從胎兒期開始，這些技巧就已經按照一套可預測的步驟在發展，而且會長年持續下去，這也就是為什麼患有發展障礙或學業表現不佳的孩子，必須及早每天進行物理治療的原因。但要解決這些問題，最好的辦法就是採取預防保健措施，這也是「親親袋鼠」（Toddler Kindy GymbaROO 或國際間所熟知的 KindyROO 及 AussieROO）這類兒童發展中心之所以存在的理由。

鱷爬式按摩

- 按摩時間並不是呵癢時間——應該讓孩子感到放鬆舒適才對。
- 練習異側手腳交替擺動和爬行，是抑制輕微的腦神經發展障礙，避免學習及行為受到影響最有效的活動。

鱷爬式按摩

請孩子趴在地上，做出異側手腳交替擺動的姿勢，然後跟著歌謠進行按摩。

翻滾活動

1. 請孩子把雙手直舉過頭，頭向右轉，然後翻過身去。

2. 進行半圈側翻時，孩子應該彎起左膝，左手越過身體放到右肩旁邊，然後左腳施力，把身體推向另一邊。接著，左手施力推離地面，左腳伸直，右腳彎曲推地，往反方向翻回去。緩慢地練習五次。

匍匐前進

請一邊按摩，一邊唱歌或輕聲說話，幫助孩子放鬆，然後讓孩子用非常緩慢的速度，以左右交替的方式擺動手腳，匍匐前進。

光滑的表面比較容易匍匐前進，你可以讓孩子沿著塑膠地板往前爬，然後搔搔他的背！

爬行活動

● 幫孩子準備幾本動物主題的故事書。。
● 請孩子選一種會全身蠕動、匍匐前進或靠四肢爬行的動物，
　然後模仿牠的動作。

學蟲爬

　　光滑的表面（例如塑膠地
板）能幫助孩子變得更「蟲模
蟲樣」！請他像蟲一樣交替移

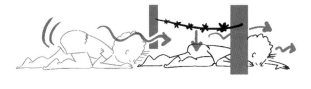

動左右著兩側的肢體，動作要放慢，這樣才能閃避路上的車陣！接著，請他

把目光固定在前方的地板上，連續
翻身數圈。

> 模仿動物是很好的感覺刺激活動，因為那些動作本來就具有多感官的特性；
> 四肢跳躍需要先雙手著地，再雙腳著地，因此可以達到刺激及辨識上、下
> 半身的效果。

學兔跳

　　請孩子蹲下，然後像兔子一樣往
前跳──雙手先往前撲，然後雙腳蹬起
來，這就是所謂的四肢跳躍。

翻滾、搖擺與懸盪

● 前庭系統對肌肉張力及運動表現的影響眾所周知。
● 肌肉張力也是原始反射抑制及腦部發展的要件之一。
● 前庭系統發展遲緩的孩子，通常難以維持姿勢及平衡感。
● 孩子都熱愛前庭刺激活動，請多鼓勵孩子從事這方面的遊戲。

前滾翻、懸盪與旋轉

請孩子蹲立在地墊上，前滾翻，然後起立，注意下巴一定要往內收，千萬不能用頭頂地，以免頸部受傷，接下來試試在行進間做前滾翻。讓孩子利用吊槓、繩子、

鞦韆或任何吊掛的物體進行懸盪或旋轉。

前後搖擺

請孩子坐在地上抱膝，腳踝互勾、雙腿向胸口靠攏，然後往後擺；接下來請他一前一後地搖擺身體。

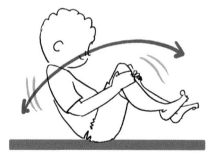

翻滾對刺激孩子的腦部發展很有幫助。
前後搖擺的動作並不容易做，或許你需要輕推孩子的後腦勺，幫助他向前搖。
前庭刺激是肌肉及平衡感發展、視覺追蹤能力及動作計畫能力的必要條件。

平衡感

平衡木是一根長 1.5 公尺、寬 4.5 公分、厚 9 公分的木桿，你可以把它放在地上使用，或者用一、兩本厚的書墊高。

踵趾步

請孩子以腳跟、腳尖相碰的方式在地上行走，然後再換到平衡木上，先前進再後退。他應該張開雙臂，保持平衡，並且抬頭平視前方的某個物體，你可以站在後面輕輕托住他的手肘。

先把平衡木放在地面上練習，然後再墊高，重複進行五次。

沿著人行道緣石或圍籬走路也是一種平衡感遊戲。

當孩子移動、保持姿勢及平衡感、演戲、探索、操作、觀察、描述及利用周遭物體時，也活化了他們的大腦迴路。

異側手腳交替練習

請孩子站在方形平衡板上，先往右傾，左手指向右側地面的某個物體，然後再往左傾，右手指向左側地面的某個物體，重複進行五次。

彈跳運動

● 如果孩子還沒做過下列活動，可以從第132頁的彈跳運動開始。
● 有時先讓孩子在地上練習這些動作再玩跳床，可以降低困難度。
● 請參閱第125頁的安全注意事項。

跳三下，停！

跳六下，停！

伸出左腳…

舉起右臂…

舉起左臂…

右臂往前揮…

步驟性聽覺指令

1. 跳三下，停，跳四下，停。
2. 跳三下，停，重複六次，停。

　　這些指令的難易度都可以調整，讓孩子可以跟得上指令。

　　彈跳可以幫助孩子練習單側手腳動作，以及用異側手腳交替的方式進行慢跑、大步走及旋轉四分之一和二分之一圈。別忘了，舉起右臂揮過身體前方就能向左轉，舉起左臂揮過身體前方就能向右轉。試著給予多重指令，例如同時舉起右臂並伸出左腳。請按照他的能力安排動作順序。

同時思考及行動

　　請孩子跳起來接球，然後低拋給你，跳躍時雙腳應該併攏。你可以在活動中加入簡單的動腦遊戲、歌曲、數字遊戲或其他記憶遊戲。

異側手腳交替動作

異側手腳交替動作可以刺激左右腦的統合，也是孩子學業表現及人際關係發展良好的基本要件。這是成年期平衡動作的終極正常模式，而且能協助開發其他的進階技巧。

異側手腳交替練習

你的孩子應該每天至少做五分鐘的匍匐前進練習，外加下面其中兩項異側手腳交替動作，各做三分鐘：

- 以異側手腳交替的方式拋球。
- 一邊跟著音樂大步走，一邊用手拍打抬起的對側膝蓋。
- 以異側手腳交替的方式行走（例如出外購物時）並且擺動手臂。
- 以異側手腳交替的方式觸碰腳趾。
- 以異側手腳交替的方式行走，左手指尖朝向右腳趾，然後換邊。
- 以異側手腳交替的方式跨欄。
- 以異側手腳交替的方式進行慢動作跑步。

蹦跳前進

蹦跳動作需要靠雙腳有韻律感地輪流跳起以及大腦的協調合作（左右半腦各自掌管對側的身體部位），所有孩子都喜愛這麼做，他們可以蹦跳到任何地方！每個幼兒應該都能以異側手腳交替的方式擺動手臂，平穩地蹦跳。

異側手腳交替動作可以刺激左右半腦之間的神經連結，使身體兩側可以更平衡、更流暢地互相配合，增進動作的效率，這些動作需要從兩歲半一直練習到成年。

有氧舞蹈

● 有氧運動可以增加心臟供氧量。

● 舞蹈跟運動是分不開的，而且在這個年紀很容易做到。坊間有許多有氧舞蹈及運動音樂 CD，你可以依照孩子的運動計畫能力挑選出速度適中的音樂。

● 蹦跳是很好的有氧運動或有氧舞蹈，所有學齡前的孩子都應該具備這種技巧，如果小男生在入學前沒有學會蹦跳，就等於錯失了這個絕佳的前庭刺激。

跳舞

　　選一段大約三分鐘，較具挑戰性的舞蹈或有氧運動，給孩子兩個星期的時間學會一套固定舞步，然後再更換新的舞步。

　　許多兒童電視節目都有唱唱跳跳的內容，只坐著觀賞並不能得到發展方面的刺激，請幫孩子選擇適合他這個年齡的兒童律動節目，並且鼓勵他跟著一起動。

帶領孩子跳舞或運動時，經常會提到許多動作方面的語彙，例如快、慢、揮舞、飛高、飛低等等，因此可以幫助他發展聆聽技巧、運動計畫和語言能力，視覺想像當然也包括在內。運動之後應該接著做深呼吸。

古典音樂休息時間

　　莫札特、海頓與韋瓦第的音樂都具有特定的架構，當這些音樂透過電子訊號獲得增強，就能替內耳提供極佳的微按摩效果，因此我們把這種特別的聆聽過程稱作「聲音治療」（sound therapy）。聲音治療的錄音素材具有許多聽覺方面的用途，包括幫助聽知覺處理障礙的孩子，很多甚至專門為嬰幼兒量身訂做。

> 建議你還可以選擇巴洛克時期的古典音樂，幫助孩子放鬆、增進聆聽技巧及學習能力。根據科學研究顯示，這些音樂從嬰兒期開始就能滋養孩子的大腦，使其獲得充分的發展。它們有些可以提升專注力，有些能產生放鬆的效果，有些則具有刺激的功用。

放鬆方法

　　一邊深呼吸，一邊默念呼氣和吸氣的次數。鼓勵孩子傾聽周遭的各種聲音，並且討論音量大小等差異。

辨聲遊戲

　　你可以在孩子憩坐休息時玩這個遊戲。他可以分辨鑰匙聲、銅板聲、椅子挪動聲、鉛筆敲打聲和揉紙團的聲音嗎？請他遮住或閉上眼睛，指出你發出鈴聲的方向，或者趴成匍匐前進的姿勢，聽你隨意喊出一串蔬菜、水果或家具的名稱，只要一聽到某種水果，就要改變手腳的擺法。

家庭樂團

　　響棒、沙鈴、自製鼓錘、刮板、搖鈴、響板、撥浪鼓或任何可以發出聲響的東西，都能為孩子帶來極大的樂趣——以及學習上的好處！

沙錘、搖鈴、鼓錘與刮板

　　沙錘、搖鈴和倒過來放的冰淇淋空盒很適合當成鼓，木湯匙則能當鼓錘使用。請先拍手讓孩子熟悉節奏，再讓他使用樂器。

　　你可以把洗衣機排水管捲成一個圓圈，做成刮板，或保持直線形狀，用一根棍子去刮它。排水管的表面呈波浪狀，因此如果用棍子上下刮擦，就可發出特別的聲響。

　　任何東西都可以做成打擊樂器，請孩子假裝（想像）自己是樂團的首席樂手，表演繞轉響棒或翻轉響棒的花招，這或許需要一點時間練習。

節奏感攸關肢體的協調性，而協調性是所有動作的基礎。
節奏感是孩子發展及入學準備能力的先決條件，同時也是時間覺知的三要素之一（其他兩項是速度和時間點）。這個活動可以為家裡營造愉快的親子時光

響棒遊戲

敏捷的動作計畫能力、顏色辨識、動作排序和手指靈活度都屬於大腦的功能之一，而且會愈用愈純熟！

如果孩子的感覺統合能力良好，靜止的四肢應該不會有多餘動作，然而每個人的發展速度都不盡相同。響棒可提供各式各樣的動作技巧練習，從簡單的動作到難度較高的節奏感、協調性、敏捷性與平衡感都包括在內。

拍擊身體

請孩子站好，兩手各拿一根相同顏色的響棒，以水平相接的方式敲四下，輕拍對側腳趾四下，然後以垂直相接的方式敲四下。接下來，用響棒標有顏色的那一端互相敲打，然後往右邊敲，再往左邊敲，重複進行五次。孩子可以改變拍擊的身體部位。

加快速度看看！

手指抓握

請孩子兩手各握一根響棒，擺成水平，然後一起靠手指的力量旋轉響棒；再用單手輪流進行相同動作，另一手則必須保持靜止不動。接著，兩手垂直握住響棒，輪流用手指旋轉響棒，另一手則必須保持靜止不動。

沙包遊戲

沙包能幫助發展許多動作技巧，特別是手眼協調、平衡感、運動計畫能力、側化發展、身體意象及視覺追蹤技巧。

> 這些活動比較具有挑戰性，如果孩子辦不到，可以先讓他練習把沙包從左手丟到右手，再從右手丟到左手，並且逐漸拉大距離。

接住沙包

請孩子站著，手拿著沙包從頭頂的位置放開，然後在半空中接住它，他可以讓沙包掉落多遠的距離？接下來，將沙包往上丟然後接住，剛開始用雙手接，然後改用單手接，先右手再左手

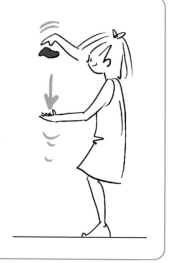

沙包搖擺

請孩子坐著，用腳緊緊夾住沙包，然後抬起雙腿向後翻，讓沙包碰到頭頂後方的地板上，然後再搖回來，不讓沙包落地。接著，請他用腳夾住沙包向後翻，讓沙包落在頭頂後方地板上，恢復坐姿，最後請他再度向後翻，用腳夾起沙包，再恢復坐姿。

球類遊戲

運球跟拍球差不多,球不是用接的,而是用指尖把它壓向地板。
請用中型的球進行練習。

> 拋球和接球都需要具備精準的時間點、空間覺知及手指、手臂與眼睛之
> 間的協調性,下面介紹的只是球類遊戲的其中幾種而已。球是極佳的感
> 覺運動刺激工具,因此務必讓孩子有機會接觸──且是各種尺寸的球!

拋、彈、接、滾

請孩子用力把球彈高,讓你接住,他能自己彈接多少次呢?試試一邊運
球一邊在房間裡移動,然後把球拋向橫躺於地面的梯子橫檔,使之彈起,或
者以 8 字形的方式在兩腳之間滾球。

異側手腳交替過肩拋球

請孩子單手抓著一顆網球尺寸的泡棉球,
觸碰同側耳朵,踏出異側腳,然後伸直手臂把
球拋給你。提醒他按照你們之間的距離決定拋
球的力道。

呼拉圈遊戲

呼拉圈主要用於體育方面的訓練，不過應該有更多孩子在家裡玩呼拉圈，因為它可以提供刺激的肢體活動。

呼拉圈跳繩

向孩子示範如何用呼拉圈跳繩。他需要將呼拉圈垂直握在雙腳前方，跳越它的下半部，讓它盪到頭頂上方再盪回地面，然後再跳越它。

呼拉圈跳房子

請請孩子把石頭丟到第一個呼拉圈裡，然後單腳或雙腳跳進去，把石頭撿起來，再跳出來。

重複相同的動作，單腳連續跳出呼拉圈，回到起點，再把石頭丟到下一個呼拉圈裡；遇到兩個並排的呼拉圈時，孩子必須左右腳各跳進一個呼拉圈；如果石子沒有落在下一個呼拉圈裡，或者在單腳跳時失去重心，他就被判出局。

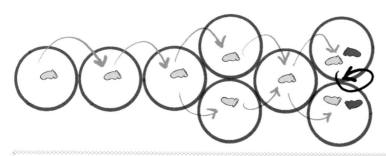

呼拉圈曾經是每個孩子童年的一部分，無論是滾呼拉圈、跳呼拉圈，還是用呼拉圈玩別的遊戲。像跳房子這類的遊戲，因為會運用到平衡感、跳躍、動作計畫能力、節奏感、排序能力、肌肉張力與感覺刺激，因此可以增加孩子大腦的神經連結。排隊和輪流玩遊戲也是孩子必須學習的重要概念。

繩子遊戲

以下介紹的是跟雙腳跳、單腳跳、平衡感和眼足刺激（eye/foot stimulation）相關的有趣活動。

- 拔河不僅好玩，也能幫助手臂發展肌肉張力。
- 繩子必須在大人監督下才能使用，可能的話請盡量用毛線繩代替。爬繩梯到樹屋上玩會是一大挑戰！
- 這些活動可以讓孩子透過各種方法在空間中移動，因此有刺激大腦的功用。

跳繩

請孩子兩手各抓住繩子的一端，站在繩子前方，然後將繩子往前繞過頭部，往腳部的方向盪過來，並且在碰到腳尖之前跳過它。重複進行這一連串的動作，逐漸加快繩子的速度。

跳越抖繩

在地上左右來回抖動繩子，請孩子跳過這條繩蛇，而不碰到它。另一種玩法是握著 2.5 公尺長的繩子低空繞圈，然後請孩子跳過它，把繩子的另一端綁在球上應該會有所幫助。

視覺訓練

　　手眼協調需要反覆練習，才能建立起強健的大腦迴路。以下的活動對這個年紀的孩子很有幫助。

翻滾及周邊視覺

　　請孩子趴在地上，雙手直舉過頭，全身呈筆直狀，眼睛平視地毯邊緣。當他在地上翻滾時，他必須看著那道邊，以維持身體的筆直。你也可以用一顆球當目標物，讓孩子看著它翻滾。

　　同步進行粗動作及手眼協調動作並不是件容易的事，要孩子一邊掌握球的擺動時間，一邊用手拍打它，需要良好的肌肉控制及動作計畫能力。想想所有會在大腦裡發展出來的技巧。

拍打吊球

　　將一顆球懸掛在孩子面前，然後請他用手輪流拍打，同時抬起同側膝蓋。降低球的高度，讓孩子用膝蓋輪流碰觸球，同時向前擺動同側手臂，然後換邊進行。繼續降低球的高度，讓孩子用腳輪流踢球，同時用手指向同側的腳，兩邊各練習十次。

＊注意：孩子有必要在入學前接受一次視力檢查。

視覺想像訓練

● 視覺想像需要透過運動感覺經驗來發展。
● 數數、基本圖文辨識甚至騎腳踏車等肢體活動，
  都需要靠視覺想像才能完成。

想像遊戲

請孩子想像自己是隻動物——你能猜出來他
模仿哪種動物嗎？跟他玩躲貓貓！

短篇故事

讀孩子最喜歡的短篇故事給他聽，手指頭要指
著每個字。

孩子經由接觸和重複來學習。

坊間有許多製作精良的故事 DVD，可以透過
視覺上的一再重複，讓孩子學會關鍵字句。

配對遊戲

利用剪貼簿裡跟孩子出遊經驗相關的單字與圖片，進行字卡與圖卡的配
對遊戲（請勿把字與圖放在同一張卡上）。記得每天更換新的單字和圖片，
別問他「這是什麼字？」只要顯示那張卡，說出上面的內容即可，這個遊戲
應該讓孩子樂在其中。

如果孩子應付得來，就用《瓢蟲》系列
（Ladybird Books）第一冊及第二冊裡的單字繼續
練習（每本書後面都附有單字表），每次只讀一頁，
而且請勿把書直接交給孩子，除非所有單字都已閃
示完畢（一天閃示四次，每次閃示一秒）。先挑選
七個單字，把它們寫在 22 公分見方的空白卡紙上，
然後每天用一張新卡取代舊卡。你可以用新字卡搭
配兩、三張舊字卡玩遊戲。

國家圖書館出版品預行編目 (CIP) 資料

Smart Start 聰明寶寶從五感律動開始：運動幫助孩子聰明
學習、贏在起跑點 / 瑪格麗特‧薩塞 (Margaret Sassé) 文；
喬治‧麥凱爾 (Georges McKail) 圖；謝維玲譯 . -- 二版 . --
臺北市：遠流出版事業股份有限公司，2021.01
面；　公分
譯自：Smart Start : how exercise can transform your child's life

1. 律動 2. 感覺統合訓練 3. 親子遊戲
ISBN　978-957-32-8917-3 (平裝)

428.6　　　　　　　　　　　　　　　　　109019279

親子館 A5055

Smart Start 聰明寶寶從五感律動開始 暢銷新版

文／瑪格麗特‧薩塞（Margaret Sassé）
圖／喬治‧麥凱爾（Georges McKail）

譯／謝維玲

副總編輯／陳莉苓
版型設計／林秀穗
封面設計／平衡點設計

發行人／王榮文
出版發行／遠流出版事業股份有限公司
　　　　　100 臺北市南昌路二段 81 號 6 樓
　　　　　電話／02-2392-6899‧傳真／02-2392-6658
　　　　　郵政劃撥／0189456-1
著作權顧問／蕭雄淋律師

2021 年 1 月 1 日　二版一刷
售價新台幣 320 元（缺頁或破損的書，請寄回更換）
有著作權‧侵害必究　Printed in Taiwan

ᵞˡᵇ 遠流博識網　http://www.ylib.com　e-mail:ylib@ylib.com

SMART START

SMART START

SMART START

SMART START